山东建筑大学科研启动基金和建筑城规学院资助青年教师出版学术专著计划

现代景观设计原理与实践探究

张洁 著

电子科技大学出版社
University of Electronic Science and Technology of China Press
·成都·

图书在版编目（CIP）数据

现代景观设计原理与实践探究 / 张洁著 . — 成都 :
电子科技大学出版社 , 2023.12
ISBN 978-7-5770-0723-6

Ⅰ . ①现… Ⅱ . ①张… Ⅲ . ①景观设计－研究 Ⅳ .
① TU983

中国国家版本馆 CIP 数据核字（2023）第 231411 号

现代景观设计原理与实践探究
XIANDAI JINGGUAN SHEJI YUANLI YU SHIJIAN TANJIU
张 洁 著

策划编辑 兰 凯
责任编辑 龚 煜

出版发行 电子科技大学出版社
成都市一环路东一段 159 号电子信息产业大厦九楼 邮编 610051
主 页 www.uestcp.com.cn
服务电话 028-83203399
邮购电话 028-83201495

印 刷 成都市火炬印务有限公司
成品尺寸 170mm×240mm
印 张 11.75
字 数 222 千字
版 次 2023 年 12 月第 1 版
印 次 2023 年 12 月第 1 次印刷
书 号 ISBN 978-7-5770-0723-6
定 价 58.00 元

前言 · PREFACE

现代景观设计是大工业、城市化和社会化背景下的产物，是在现代科技的基础上发展起来的。现代景观是观赏、游居等活动的载体，其与传统园林的区别在于使用对象不再是文人士大夫、王公贵戚，关注的问题也不只是审美与享受。在科技手段、艺术理论不断发展的情况下，现代景观更多传达了一种对人和自然的关怀，以及对文化延续性的重视，是能够承担改善人地关系重任、承托人类精神追求的系统。

目前，中国景观设计的发展方向是解决当代中国的城市问题，如人地关系，城市化带来的一系列土地、河流生态问题，城市人性化和宜居性问题，还有城市可持续发展问题、城市旧区的改造问题、城市废弃地的再利用问题等。在全球环境恶化和资源危机的背景下，景观设计师还要更多地关注环境生态甚至自然灾害等问题。通过对景观的分析和规划设计，发现和规避潜在的环境危机。

本书是以上述内容为出发点进行的研究。本书首先对景观设计的发展历程进行了梳理，重点分析了中外典型景观的发展过程，并针对景观设计的理论基础进行了阐述，帮助读者了解景观设计需要掌握的相关内容。其次，本书分析了现代景观设计的思潮与发展趋势，这是对未来景观设计的预判，有助于设计者更好地探索景观设计的发展方向。再次，本书从实用角度分析了景观设计的思维与形式表达，探讨了不同要素的景观设计实践，有助于读者更好地掌握如何进行景观设计。最后，本书从实践的角度分析了不同类型的景观设计。不同类型的景观设计有不同的设计要求，学习这部分内容可以更细化地了解景观设计的方法。

本书从系统性、实用性的角度对景观设计展开了研究。从基础理论入手，重点围绕设计的方法论展开分析，最后还结合了具体的设计实践进行深入分析。本书力求内容全面、结构清晰、实用性强，适合刚迈入设计领域的初学者阅读，也适合从事多年设计工作的设计人员参考。

在本书的撰写过程中，笔者参考了许多专家学者的学术著作与论文，在此一并表示衷心的感谢。同时，由于笔者水平有限，对于本书存在的种种问题与不足，希望各位读者能够予以谅解，并提出宝贵意见。

目录 · CONTENTS

第一章 景观设计的发展历程与理论基础

景观设计是伴随着人类的活动而产生、发展的。人类认识自然、适应自然，与自然共生的过程就是景观生成、发展的过程，因此景观设计反映着时代发展的进程。同时，景观设计是对人类生活居住的环境空间的设计，因此景观设计师既要了解空间构成的基本原理，又要了解人在不同空间环境中的行为活动。不同地域影响景观设计的自然要素，不同民族、不同历史文化决定景观设计的人文要素。景观设计的艺术性因为民族、文化和地域不同而存在差异。景观设计有明显的时代烙印，现代景观设计重点强调生态性和文化性。景观设计的基本理论主要包括空间认知理论、环境心理学理论、景观形态美学、景观色彩美学、景观生态学等，这些相关基础理论知识是景观设计实践的基石。本章即围绕以上内容展开分析。

第一节　景观设计的发展历程

一、欧美景观设计的发展历程

欧洲园林体系以古埃及园林和古希腊园林为渊源，形成了法国古典主义园林和英国自然风景式园林两大主要流派，其造园风格分别为追求人工美的规则式园林风格和追求自然美的自然式园林风格。欧洲园林的两大流派都有自己明显的风格特征。规则式园林气势恢宏、视线开阔、严谨对称、构图均衡，花坛、雕像、喷泉等装饰丰富，具有庄重典雅、雍容华贵的气势，无论是修剪过的花坛、喷泉水池，还是露天雕塑等，都极力体现人工性，具有理性主义色彩；自然式园林自然、疏朗、色彩明快，富有浪漫情调，抛弃了一切几何式的形状和对称均衡的布局，代之以弯曲的道路、自然的树丛和草地、蜿蜒的河流，讲究造景与园外的自然环境相融合。欧洲园林体系覆盖广，它以欧洲本土为中心，影响范围囊括欧洲、北美、南美、澳大利亚等地区，对南非、北非、西亚、东亚等地区的园林发展也产生了重要影响。

美国的景观设计起步较晚，最初主要受殖民母国景观设计风格的影响。美国的景观设计主要受现代化与城市化进程的推动，以公园与城市景观设计为主要内容。随着工业技术的发展，将自然、文化与城市生活融为一体，成为美国景观设计的一大追求。美国的景观设计受到欧洲景观设计的影响，在 19 世纪拉开现代景观设计的序幕，并在 20 世纪逐渐走向多样化，在景观设计领域产生越来越大的影响。

（一）17 世纪前的欧洲景观设计

1. 起源与发展阶段

（1）园林景观的起源与发展

西方国家的景观设计源于西方古典园林，西方古典园林又起源于古希腊，较多地借鉴、吸收了西亚园林风格，形成以法国园林为代表的规整有序的园林风格。西方国家的景观设计的发展脉络显得比较庞杂，这也与其所涉及的国家和民族较多有直接关系。各个国家因不同民族、地域而形成不同的审美情趣和生活习惯，进而在对环境的改造过程中形成了风格各异的景观特色。

古埃及是世界上最早建设人造景观的地方，从古代墓画中可以看到祭司、大臣的宅院已采取方直的规划，入口处建有塔门，宅院四周由方形围墙围合。由于当地气候炎热，加之干旱缺水，因此宅院的建造十分重视对水的运用和遮阴植物的种植。宅院中通常种植成排的庭荫树，庭荫树围绕园子中心矩形的水池，池中养鱼并种植水生植物，池边建有凉亭。整个宅院的平面在总体上为规则式，并且可以看到明显的中轴线。

公元前 4 世纪，雅典建造出历史上最早的“文人园”。古希腊人崇尚自然，园林艺术与周围的自然景色和谐结合。古希腊人还建造了历史上最早的一批公共花园，喷泉、雕像、岩洞点缀其间，梧桐和柏树掩映，古希腊的先哲们常在爬满葡萄藤的凉亭里为公众作精彩的演讲。古希腊从波斯学到西亚的造园术，发展出宅院内布局规整的“廊柱园”。园林总体上呈现几何式，庭院中央设有水池，修筑雕塑，种植树木花卉，四周空间以柱廊围合。每间居室围绕中心庭院布置，有的后院还有果蔬园。

古罗马继承了希腊规整的园林艺术，结合西亚园林布局的特点，发展出大规模的山庄园林。这些庄园主要建在郊外的山坡上，居高临下可以获得较好的视野。园林依山而建，并将自然地形人工改造为不同高程的台地，通过栏杆、挡土墙和台阶来维护和联系各个台地。园林中同样地沿用柱廊来围合庭院空间，并大量运用水池、喷泉等各种水体形式，与精美的石雕、常绿植物等构成重要的造园要素。这些特点也为意大利文艺复兴园林的出现奠定了基础。

中世纪欧洲的园林是教会特权阶层的乐园。在幽静的花园，教士们倾心交谈或祷告。城堡附近的花园成为市民休憩、娱乐的新天地。有的花园在节日里用于民众举行游园庆祝活动。为确保安全，花园周围都筑起难以逾越的高墙。修道院中的园地同建筑功能相结合，如在教士住宅中柱廊环绕的方庭内种植花卉，或在医院前辟设药圃，或在厨房前辟设菜圃。另外，还设有果园、鱼池和游憩的园地等。

（2）城市景观的起源与发展

①古希腊城市景观。古希腊气候温暖，适宜户外生活，多山脉，大海成为主要的交通要道，小亚细亚、地中海沿岸和黑海沿岸都是古希腊人的活动范围。古希腊文明历经了四个时期：荷马时期、古风时期、古典时期和希腊化时期。古希腊民众自由组织体育竞技、诗歌音乐会及演讲活动，促进了全民文化和体育素

养的提高。古希腊人信奉多神教，在崇拜神的同时也承认人的伟大，相信人的智慧和力量，每个行业都有自己的守护神，强调人神同体，代表城市有雅典、斯巴达、亚格斯、科林斯。

古希腊城市景观的特点体现在六个方面：城市背山面海，布局缺少规划，无主轴线；广场大多无定形，广场是公众集聚的中心，具有司法、行政、商业、宗教、文娱等功能；街道曲折狭窄，根据地势自发形成；建筑类型丰富，当地人善于利用地势修建房屋；强调平等，促使公共空间产生；对民众的住房进行网格状划分。

②古罗马城市景观。古罗马地跨欧亚非三大洲，东起自小亚细亚和叙利亚，西到西班牙和大不列颠岛，北面包括高卢，南面包括埃及和北非。古罗马历经三个时期：罗马王政时代、罗马共和国时期和罗马帝国时期。古罗马人有着卓越的营造技术，把古埃及、腓尼基、古希腊的文化结合，崇尚城邦爱国主义精神和宗教上的神人同形思想，后期崇尚基督教。代表城市有罗马、庞贝、提姆加德、兰培西斯、阿奥斯达。

古罗马城市景观的特点体现在六个方面：城市具有上水道、下水道和渗水池等公共设施；罗马帝国时期，有宽大的道路，两侧有人行道，人行道上有供人遮阳的柱廊；在建造桥梁、城镇、输水设施等方面有巨大成就；广场众多，形成广场群，气势恢宏而富有秩序；建造了大量供人消遣的场所，如跑马场、斗兽场、公共浴池等；罗马帝国晚期，公寓向高处发展，但质量总体较差。

2. 发展成熟阶段

15—16 世纪，随着文艺复兴运动的兴起，欧洲园林进入了一个空前繁荣的发展阶段。意大利的园林风格也随着文艺复兴思想在欧洲大陆的扩散而广为传播，文艺复兴园林继承了古罗马园林的特征，在视野较好的山坡上依山而建。文艺复兴园林设计师利用意大利的丘陵地形，开辟整齐的台地形成露台花园，依照不同高程的台地逐层配置灌木花卉，并将其修剪成图案形的花坛。同时，他们顺应地势的高差变化，运用各种手法设计水体，如流泉、瀑布、喷泉等，形成变幻多端的水体效果。此外，还辅以各种石造阶梯、雕塑、建筑及栏杆等造景手法的综合运用，创造出层次丰富的视觉景观空间。总体而言，文艺复兴时期的意大利园林呈现几何形，甚至一些园林中有明显的中轴线，但其尺度十分亲切宜人，这类园林被统称为意大利台地园。台地园在地形整理、植物修剪技艺和水法技术方面都有很高的成就，成为视觉尺度景观空间设计的经典范例。这个时期，意大利园林形成了古典主义风格，其代表有玛达玛花园和埃斯特别墅。

在园林建设方面，古罗马人的经验和成果成为设计师效仿的对象。建筑师阿尔伯蒂在他的著作《论建筑》一书中，对园林进行了大量详尽的论述，他主张别墅建筑和园林相互融合，大自然要从属于人的设计理念。在其主张的推动下，一些贵族、富绅在建造别墅的同时，也把园林纳入了生活区域的范围，这大大地推动了园艺学的发展。在文艺复兴时期，著名的园林非常多，大多依山而建，喷泉、潭池、雕像、叠瀑、水扶梯等形式的运用已非常成熟。草坪、树木、凉亭、植物、绿廊、迷园、鱼池等也被广泛采用，这个时期较为著名的园林有波波利庄园、吉奥斯迪庄园以及维兰德里庄园。

在景观设计理论方面，阿尔伯蒂继承了古罗马的维特鲁威的“理想城”理论，总结了古代各个时期的建筑经验和设计方案，对选址、布局、形状等都提出了精辟的见解。他主张在城市选址及造型过程中，应把环境因素（如地形、土壤、气候、光线等）放在重要的位置进行考虑。阿尔伯蒂的这一理论是非常前卫的，但由于当时的政治经济状况还无法为“理想城”的推广提供足够的条件，大量合理的设计方案被搁置，“理想城”成为一种无法实施的幻想中的理论，但“理想城”理念的影响是深远的。这种理念在整个欧洲传播开来，推动了大批景观论著的产生，人类关于城市景观的总体设计理念由此出现。

（二）近代欧洲景观设计

1. 巴洛克风格的景观设计

17 世纪，巴洛克艺术风格盛行。巴洛克时期景观设计的风格主要有以下几个特征。

第一，追求新奇，标新立异。设计师为了追求新奇的效果，往往打破绘画、建筑、雕刻的界限，采用不符合常理的组合，强调动感和透视，使之出现空间倒错或体现运动感所产生的戏剧效果。

第二，追求豪华雕饰。一些贵重材质被大量采用，体现出非凡的豪华。

第三，趋向自然。设计师在城市中设计了大量敞开的广场和建筑，郊外兴建起大量的园林、别墅，自然的题材被广泛采用。

巴洛克艺术在风格和题材上敢于创造新的事物，独辟蹊径。但它的风格又太过怪诞，在追求豪华欢乐的同时，又过于卖弄财富，显得俗气、琐碎。可以看出巴洛克时期的艺术风格中充满了矛盾，这也是 17 世纪欧洲社会的缩影。

虽然巴洛克艺术风格号称师法自然，但是实际上这时的园林更加人工化了。整座园林全部都统一在以建筑为主体的单幅构图中，其中最为典型的就是17世纪末在路易十四统治下勒·诺特（1613—1700）设计的孚勒维贡府邸花园和凡尔赛宫的园林。

2. 勒·诺特式风格的景观设计

法国在吸收意大利文艺复兴园林许多特点的基础上进一步发展造园艺术，开辟了一种新的园林风格。勒·诺特的景观设计保留了意大利文艺复兴园林的一些诸如轴线、图案式植坛与喷泉水池等要素，进而以一种更开阔、更对称的方式进行重新组合。勒·诺特曾提出要“强迫自然接受匀称的法则”。这一观点在他主持的凡尔赛宫的建造中有明显的体现。勒·诺特在继承法国园林形式的基础上，汲取了文艺复兴时期意大利台地园的布局手法，并结合法国本土的自然条件和君主至上的政治要求，创造了符合新内容要求的新园林形式，形成了法国独特的园林风格——精致而开朗的规则式园林。规则式园林在气势上比意大利园林更宏大，在表现形式上注重人工化。它亦如同意大利文艺复兴园林所曾有过的影响一样，风行全欧洲，影响了德国、荷兰、俄罗斯等国。这一造园风格也影响了英格兰的造园。可以说，当时整个欧洲都在模仿勒·诺特造园。在西方造园史中，这个时期法国的园林形式被称为勒·诺特式，其主要特色如下。

第一，在视景组织方面，运用树林区作为不同的活动内容单位，并在树林中辟出视景线。通过巧妙地组织植物题材来构成树林区和风景线，而且各个风景线上有不同的视景焦点，各视景树林区相互连贯成为具有错综变化特点的统一体。

第二，在理水方面，注重光影在水体中的充分表现，大量运用水池和运河，以及周围建筑物、雕像和植物等景物倒影的借景手法，重视容水的结构物的装饰设计，这些结构物大多被处理成雕塑作品，以此提高艺术价值。

第三，在植物题材方面，运用加以修剪后具有整齐外形的乡土树种构成天幕式的树林，或作为视景线的范围物，或作为包围在纹样绿丛植坛外围的绿屏，或作为喷泉水池的背景等。在台地上运用植篱的灌木构成纹样绿丛植坛。草、花的运用比意大利园林丰富，常用图案花坛，注重色彩变化，并经常用平坦的大面积草坪和浓密的树林衬托华丽的花坛。

3. 英国自然风景园

18世纪末叶，英国对西方造园艺术有了新的贡献，这就是英国自然风景园。在18世纪欧洲文学与艺术领域兴起的浪漫主义运动思潮的影响下，英国的造园活动一反意大利文艺复兴园林和法国勒·诺特式园林的传统，抛弃了轴线、水渠、喷泉，以及修剪整齐对称的植物等所有被认为是直线的或不自然的东西，开始倾向于表现自然的特点，园林风格重新恢复到表现自然形态的草地、树丛，加之中国园林艺术的影响，英国自然风景园由此产生。

英国自然风景园以起伏开阔的草地、自然曲折的水岸、成片成丛生长的树木等要素，构成了一种新的园林样式。在初期自然风景园的创作者中，较著名的有布里奇曼、肯特、布朗等人。但当时，对自然美的特点还缺乏完整的认识。18世纪中叶，以钱伯斯为首的英国园林设计师认为完全模仿大自然景观的自然风景园过于单调，于是把中国园林的造景要素引入自然风景园作为改良，中国式样的亭、塔、桥以及假山等景物开始大量出现于英国园林之中。英国风景园盛行近一个世纪，法国、德国、俄罗斯、波兰、瑞士以及后起的美国，都曾受其影响而出现英国自然风景园式的园林。英国的风景园其实就是自然主义的风景园。英国风景园的风格有如下五个特征。

第一，在视景组织方面，多利用附近的森林、河流和牧场的景色，创造开阔的视野。

第二，在园路组织方面，运用曲折的园路或步行道。

第三，在理水方面，主要是曲折的深涧、激流，以及人工的、湖岸为曲线形的湖池。

第四，在植物题材方面，放弃绿色几何形体，即放弃修剪植物形态以使其具有整齐外形的处理方式，强调与自然的融合。

第五，在边界处理方面，呈开放式，不用墙篱围绕，而以掘沟的方式作为边界的划分方式。

总的说来，英国自然风景园是在表现自然风景，模拟自然。在具体手法上，与勒·诺特式风格完全相反，它否定了纹样植坛、笔直的林荫道、方整的水池、整形过的树木，摒弃了一切几何形状和对称均齐的布局，代之以弯曲的道路、自然式的树丛和草地、蜿蜒的河流。

18世纪，英国的造园艺术追求自然，有意地模仿风景画的场景，自然风景式园林取消了园林与自然之间的界线，将自然作为主体引入园林，排除人工痕迹，体现一种自然天成、返璞归真的艺术特色。除此之外，中国的造园艺术也被引入西方，对英国的造园艺术产生了更加深远的影响，使得在英国本土形成的自然风景园逐渐发展为画意园（或称“图画式园林”）。到18世纪下半叶，英国的自然风景园就已经传遍欧洲，取代了几何式的规范园林，这种特点一直保持至今。

（三）现代欧美景观设计的发展

1. 现代欧美景观设计发展的主要线索

1920—1950 年，欧洲的现代主义景观虽然没有与现代主义建筑完全同步发展，但接受了现代主义建筑的影响，逐渐具有了一些基本特征，如对空间的重视与追求，采用强烈、简洁的几何线条，形式与功能紧密结合，采用非传统材料和更新传统材料，等等。

第二次世界大战期间，以北欧国家瑞典和丹麦为代表的欧洲现代景观设计仍得到了一定的发展。设计师根据北欧地区特有的自然、地理环境特征，采取自然或有机形式，以简单、柔和的风格创造本土化的富有诗意的景观，并形成了“斯德哥尔摩学派”。它主张以强化的形式在公园中塑造地区性景观特征，既可以为城市打造良好的环境，为市民提供休闲娱乐场所，又可以为地区保存自然景观。

第二次世界大战结束后，欧洲在战火后的废墟上开始重建，英国、联邦德国等国家的许多城市的新规划都将公园绿地作为重要内容，目的在于改善城市环境，并调整城市结构布局，促进城市重建与更新。而“斯德哥尔摩学派”则进一步影响北欧国家，其许多城市将公园连成网络系统，为市民提供散步、休息和活动的空间场所。

1960—1980 年，欧洲现代景观设计开始走向多元。20 世纪 60 年代的欧洲社会进入黄金时期，但人们对自身生存环境和文化价值的危机感加重，主张把对社会发展的关注纳入设计主题之中。在城市环境规划设计中，强调对人的尊重，借助环境学、行为学的研究成果，创造真正符合人的多种需求的人性空间。在区域环境中提倡生态规划，通过对自然环境的生态分析，提出解决环境问题的方法。此外，艺术领域中各种流派如波普艺术、极简艺术、装置艺术、大地艺术等提供了更宽泛的设计语言素材，一些艺术家开始直接参与环境创造和景观设计。

20 世纪 70 年代，建筑界的后现代主义和解构主义思潮同样影响着景观设计，设计师重新探索形式的意义，开始摆脱现代主义的简洁、纯粹，或从传统园林中寻回设计语言，或采取多义、复杂、隐喻的方式来发掘景观环境更深邃的内涵。另外，欧洲许多城市和区域的环境问题仍然严重，生态规划设计的思想与实践也在继续发展。

20 世纪 90 年代以来，欧洲当代景观设计反对美国式的所谓工业或后工业时代景观，更加注重对历史传统的尊重，转向从欧洲园林文化传统中寻找现代景观设计的依据和固有特征，提倡继承欧洲园林文化传统的精神而非形式，在尊重环境场所文脉的基础上拓展新的景观设计手法。

美国在景观设计方面的发展情况如下文所示。美国建国时间较短，无特别风格的传统造园式样。殖民时期的园林始终都以住宅庄园为中心，主要接受和运用其他国家的庭园式样。然而，现代公园运动的进程首先是在美国完成的。1840年以后，美国在城市化的过程中同样出现了城市人口密集、城市环境恶化的现象。政府为市民修建公益公园的运动在美国很多大城市展开。正是在这种背景下，被誉为“美国造园之父”的奥姆斯特德发起美国公园运动。公园使人们从原来令人疲惫不堪的大城市生活中解脱出来，满足了人们寻求慰藉与欢乐的需要。1857年建造的面积约为3.15平方千米的纽约中央公园是美国的第一个公共公园，也成了现代公园的典范。奥姆斯特德主张尽量利用原有的植物与场地特征，充分发挥自然环境特征在景观设计创造中的作用。因而奥姆斯特德式城市公园具有几个设计特征：以自然环境为背景，在场地的构图中心设置草坪，主园路贯通全园，以曲线为线型的园路组织顺畅，大量运用当地乡土材料等。美国的公园运动可谓拉开了西方现代景观发展的序幕。

到19世纪后半叶，美国先进城市的标准由技术、工业和现代建筑演变为文化、绿野和传统建筑。于是出现了将公园、公园大道与城市中心连为一体的公园系统思想。再加上20世纪初西方的新艺术运动如火如荼地开展，现代艺术和现代建筑思潮在美国得到了良好的发展。1930年以来，欧洲现代景观设计理论在美国找到了开花结果的最佳土壤，美国一跃成为引领世界城市景观设计发展的主要国家之一。哈佛大学景观设计专业的詹姆斯·罗斯、丹尼尔·基利、加勒特·艾科伯等人发起的“哈佛革命”，宣告了现代主义景观设计的诞生，美国的城市景观设计开始走向繁荣。

第二次世界大战后，美国城市景观设计进入多元化发展阶段。20世纪60年代的生态意识倾向、20世纪70年代的极简主义和20世纪80年代的后现代主义思潮直接影响了现代艺术和后现代主义建筑。麦克哈格、彼得·沃克、施瓦茨、哈格里夫斯等一大批杰出的景观设计师，创造了众多风格多元的优秀作品，使美国现代景观规划设计实践对世界的影响越来越大。

2. 现代欧洲景观设计的基本特征

尽管美国的现代景观设计的理论与实践对世界的影响很大，但欧洲现代景观设计仍有着其独特的一面，即尊重传统、注重地域、求新求变。

欧洲现代景观设计的基本特征可简述如下。

把传统作为本源，注重自己独有的地域文化特征；体现和运用经济技术进步的最新成果；在追求形式与功能的同时，体现叙事性与象征性；在关注空间、时间和材料的同时，把满足人的情感与文化需求纳入设计目标；在重视自然资源、生物节律的同时，把当代艺术通过景观环境引入日常生活中。

欧洲各国的现代景观设计除具有以上共性之外，还表现出鲜明的个性。除法国、德国、西班牙、荷兰等国家在欧洲现代景观设计领域有较大影响之外，其他国家如意大利、瑞士、奥地利等也涌现出不少优秀的景观设计师和高质量的景观设计作品。

二、日本景观园林的发展历程

中国和日本的传统园林同属东方园林体系，二者同根同源。在长期的文化交流中，日本园林深受中国园林的影响。日本传统园林的山水骨架就是由中国传入，并发展成为日本式池泉园的。日本传统园林在中国传统园林的基础上，融合了日本本土的精神，在其造园的“黄金时代”里诞生了禅宗枯山水庭园和茶庭两种新的园林风格，标志着日本传统园林完成了和风化进程，风格趋于成熟，走上了与中国传统园林完全不同的发展道路，在风格上与中国后期的传统园林产生了区别。日本传统园林专注于对纯粹和自然美的极端化追求，体现出脱俗、宁静之美，强调精神性；而中国传统园林关注园林文化体系的博大精深，体现出对世俗理性美的追求，具有功利性、实用性。在日本风格的园林中，中国文化尤其是中国禅宗文化的影响仍无处不在。

日本历史分成古代、中世、近世和现代四个时代，每个时代又分成若干朝代。日本园林亦据此而分成古代园林、中世园林、近世园林和现代园林四类。古代园林指大和时代、飞鸟时代、奈良时代和平安时代的园林（日本国都经常搬迁，每个朝代都是以国都所在地命名，如奈良时代的京城在奈良）；中世园林指镰仓时代、室町时代和南北朝的园林；近世园林指安土桃山时代和江户时代的园林；现代园林指的是明治时代以后的园林，包括明治、大正、昭和、平成及令和时代的园林。

日本园林的具体变迁具体见表1-1所列。

表 1-1 日本园林的时代变迁

时代	庭院的时代特征	形式	代表性庭院
飞鸟、奈良时代（592—784）	佛教思想、早期律令制度	池泉舟游式（出现须弥山石组等元素）	藤原宫内庭、苏我马子私园、橘诸兄井手别业、平城宫东院庭院
平安时代（784—1192）	贵族政治（庭院艺术诞生）	池泉舟游式、寝殿式（蓬莱式池泉庭）	东三条殿庭院、嵯峨院遗址大泽池、毛越寺庭院遗址、宇治平等院凤凰堂、白水阿弥陀堂、净琉璃寺
镰仓时代（1185—1333）	武家政治、禅宗影响	武家、禅宗结合的池泉庭（舟游、洄游相结合）	鹿苑寺庭院（池泉洄游式）、金阁寺庭院（蓬莱山水庭）、西芳寺、南禅寺方丈庭（枯山水）
室町时代（1336—1573）	北山文化、东山文化兴起，枯淡幽玄的禅宗兴盛	枯山水样式、书院式池泉庭	慈照寺银阁、龙安寺、大德寺大仙院方丈庭
安土桃山时代（1573—1603）	灿烂豪华与枯淡幽玄并存	豪华的书院式池泉庭、草庵风茶庭型、型篱式枯山水	西本愿寺枯山水、醍醐寺三宝院、京都二条城、桂离宫（池泉洄游式与茶庭结合）
江户时代（1603—1868）	实用的儒学与神仙思想并存	大名庭院，书院式茶庭，真筑、行筑、草筑山庭和平庭的融合	修学院离宫、仙洞御所、京都御所、兼六园、六义园、小石川后乐园、栗林公园、冈山后乐园

总的来说，飞鸟时代和奈良时代主要受中国隋唐文化影响，是中国式自然山水园的引进期；平安时代是日本化园林的形成时期和三大园林（皇家、私家和寺院园林）个性化分道扬镳时期；中世的镰仓时代、室町时代是受宋文化影响而走向全面禅宗化的时期，是寺社园林的发展期；近世的安土桃山时代是茶庭露地的发展期；近世的江户时代是茶庭、石庭与池泉园的综合期。也可以说，飞鸟、奈良时代是中国式山水园舶来期，平安时代是日本式池泉园的“和化”期，镰仓时代、室町时代是园林佛教化的时期，安土桃山时代是园林的茶道化期，江户时代是佛法、茶道、儒学的综合期。

日本园林十分强调自然，但并非简单地模仿自然，反映了日本民族的自然观。砂石之间的流水，庭院角落的植物与组石，园林中的山景、小溪与园中的树木，无不与日本作为岛国的地理特征相适应。日本园林的茶室庭院也与日本茶文化紧密相关，是茶道的体现。日本崇尚佛法，强调以智者的形象带来出世解脱的色彩。日本园林喜欢用拟佛拟神的较为晦涩的语言，表现出在荒凉孤寂的山林中孤独的禅意和对短暂人生的寂寞思考。

日本园林受到禅宗“空、寂、灭”思想的影响，剔除了设计中的刻意加工，却可以让人产生回味无穷、心神俱醉的体验。日本园林景观布局是优美和谐的，在对具体到构成整体景观的每一个细部进行设计时，同样要求精心打造。日本人对细部的设计表现出其他国家民众少有的关注，从而使日本的园林设计作品更富有魅力，更耐人寻味。

日本园林风格虽然受我国园林艺术的影响，但经过长期的发展与创新，已形成日本民族独有的自然式风格的山水园。可以认为，日本园林起初重在把中国园林的局部内容有选择、有发展地纳入自己的文化传统中，同时吸收许多西方园林（特别是在园林建筑方面）的优秀之处。后来，中国禅宗的传入，把日本人对园林精神的追求推向极致，并产生和发展了具有日本自身民族风格、在国际上颇有影响力的园林形式。

三、中国景观设计的发展历程

（一）中国古代景观设计

中国古代景观设计在传统意识上，不仅追求实现房屋庭院的使用功能，还融入了中国传统美学和哲学思想。中国的传统景观主要体现在园林和城市两个方面。

1. 中国古典园林的发展

东方园林体系，以中国园林与日本园林为代表，突出山水园林特色，讲究自然与意境的创造，可游、可赏、可居，常用移天缩地和借景的手法，道法自然。中国古典园林是世界园林体系的重要分支，它对现代景观规划设计的发展有着举足轻重的作用。

中国园林尊崇与自然和谐的生态原则，属于山水风景式园林范畴。其以非规则式园林为基本特征，园林建筑与山水环境有机融合，自然和谐、浑然一体，蕴含了人伦教化、诗情画意的写意山水。其包括夏商周三代时期的囿、秦汉时期的苑、魏晋南北朝时期的自然山水园林、唐宋时期的全景式写意山水园林，以及明清时期浓缩自然的山水园林。中国园林的类型和风格在传承的同时，不断拓展与深化，形成了东方独有的文化及造园思想理论。

（1）萌发期

商周时期，天子、诸侯等奴隶主贵族所拥有的贵族园林是早期皇家园林的前身。最早有文字记载的园林形式是囿，而其中主要的建筑物便是台。囿的建置类似于大型天然动物园，主要供帝王贵族狩猎和观游。囿与台的结合便是传统园林的雏形，其具有生产、通神和游赏的功能，出现于商末周初。象征崇山的高台既是受命于“天”的神圣之所，又是人与“天”相通达的文化符号。其中，较著名的例子有殷商纣王广建离宫别馆和囿圃，掘沼养鱼，挖池建造鹿台，以达到“娱人王、通天神”的目的；周文王造灵台、灵沼、灵囿，提倡“敬天保民”“与民同乐”。其后，各诸侯国纷纷效仿天子，各自建造高台囿圃，且园林的娱乐性日益加强。在这些贵族园林中，规模、特点较突出的有楚国的章华台和吴国的姑苏台等。

（2）成长期

春秋战国至秦汉时期，帝王、贵族和富豪模仿自然美景和神话仙境，以自然环境为基础，构亭营桥，种植花木，建筑数量多，铺张华丽，别有气派。以宫式建筑为主的宫苑，自秦始皇始建。他引渭水造长池，以一池三岛的模式构筑蓬莱仙境，一池三岛的园林模式奠定了后世皇家园林的范本。汉代政治稳定，经济繁荣，出现了一批富可敌国的王侯高官和富商，他们大肆营建私园，竞相攀比。鉴于用地规模无法与帝王家比，便摆脱了皇家宫苑“法天象地”的手法，转而对周围自然山水进行模仿，即开启了“模山范水”的私家园林的先河。其中，以权倾一时的外戚梁冀的私园和富商袁广汉的茂陵园最为著名。

（3）转折期

魏晋南北朝时期，文人参与造园，以诗画意境为主题，渗入理想主义的审美情趣，构图曲折委婉，讲究山林野趣。中国传统园林艺术的第一次飞跃是在魏晋南北朝时期，此时是中国古典园林发展的转折期。园林不再一味地追求规模宏大，且从“法天象地”“模山范水”转向以再现自然山水为主的自然山水园林，园林造景由过多的神异色彩转向浓郁的自然气息，园林创作由写实趋向于写实与写意相结合。魏晋南北朝时期佛教和玄学的兴盛、山水诗和山水画的逐步走向成熟，都极大地影响了园林艺术的发展。与此同时，出现了大量的寺观园林，且大多建于名山胜水之地。另有许多达官贵人的宅园被舍作寺院，这加深了寺庙与园林的特殊关系，奠定了寺园一体的中国寺庙特色。著名诗句“南朝四百八十寺，多少楼台烟雨中”，便是对当时南朝寺院兴盛之风的真实写照。

（4）全盛期

隋唐的统一结束了长达三百余年的魏晋南北朝分裂局面，重新建立了统一的帝国，中央集权的官僚机制更加健全和完善。在以儒家为正统地位的同时，形成了儒、道、释的互补共尊局面。园林艺术不仅发扬光大了秦汉时期的宏伟气度，在精致的艺术经营上也取得了新的成就。伴随着政治、经济、文化的进一步发展，中国古典园林进入了全盛期，作为一个园林体系，其所具有的风格特征已基本形成。

在三大园林类型中，隋唐皇家园林的地位比魏晋南北朝时期要突出、重要得多，出现了一批具有划时代意义的园林。私家园林的艺术性进一步升华，更加注重对园林景物典型性格的刻画和细部的处理。“中隐”之道盛行，文人大量参与造园活动，导致文人园林的兴起。唐人已出现诗与画的自觉渗透，将诗情画意赋予园林景物，通过园景引发联想从而创造园林意境的做法已见端倪。著名诗人王维的辋川别业和白居易的庐山草堂便是具有代表性的作品。它们清新淡雅的格调和意境丰富的内涵，进一步促进了园林写实和写意创作方法的结合，为宋代文人园林的兴盛奠定了基础。唐代的长安作为当时著名的国际性开放城市，极为注重城市建设，出现了许多公共园林，其中也包括点缀在风景区的寺观园林，利用低洼地改造而成的曲江可称为最早的大型城市公共园林。

（5）成熟期

宋代至明初时期为中国古典园林的成熟期。宋代的园林反映了中国传统园林成熟期的第一阶段，这是因为中国的封建社会已经发育成熟。宋代重文轻武，造园艺术日益与书法、绘画、文学等艺术结合为相互渗透的统一有机体。受禅宗哲理和文人画写意画风的影响，该时期确立了“壶中天地”的园林格局，奠定了中国园林象征性、文学化的特征，进入了以表现诗情画意乃至意境为中心的写意园林阶段，最终完成了“写意山水园”的塑造。其显示的蓬勃进取的艺术生命力和创造力，达到了中国传统园林史中登峰造极的境界。

宋代文人园林极为兴盛，成为三大园林中的主流，文人造园几乎涵盖了所有私家园林造园活动。其风格特点可概括为简远、疏朗、雅致、天然四个方面：简远，即景象简约而意境深远；疏朗，即景物数量不多，不流于琐碎而整体感强；雅致，即运用竹、石等雅致格调的象征及诗化的景题，暗含君子、哲人、操守、清高等寓意，抒发脱俗和孤芳自赏的情趣；天然，即强调自身与外部自然环境的契合，使之浑然一体，多用借景，园内大量运用植物造景。

文人园林的兴盛成为中国传统园林达到成熟境地的一个重要标志。受文人园林的影响，皇家园林再度追求规模的宏大及皇家气派，同时又汲取了江南私家园林“林泉抱素之怀”的养分。宋代的皇家园林出现了比任何朝代都更接近私家园林的倾向，反映了宋代封建政治一定程度上的开明性和文化政策的宽容度。比如，宋徽宗亲自主持建造的以艮岳为代表的皇家园林不再追求皇家气派，而强调浓郁的文人意趣。以皇家园林、私家园林和寺观园林为主体的宋代园林，作为一种园林体系，它的内容和形式均趋于定型并仍在不断走向成熟，形成了中国传统园林发展史上的一个高潮。

（6）繁荣期

明中叶至清中叶，是中国古典园林成熟期的第二阶段，它大体是宋代第一阶段的延续，也有一定的发展和变异。该阶段园林数量骤增，造园成为独立的技艺，园林成为独立的艺术门类；私家园林（主要在江南）数量骤增，皇家园林仿效私家园林，成为私家园林的集锦。该时期出现了许多成熟的造园理论著作和造园艺术家，如计成著的《园冶》标志着中国园林艺术的高度成熟，多种造园技巧手法在这一阶段进一步成熟。

清代，随着封建集权统治的再度加强，封建礼教和等级制度更加森严，整个社会处于人性压抑的状态，宋代相对宽松的文化政策不复存在。因此，与前朝相比，文人造园的意境又多了一层压抑的心理色彩。这在促进园林发展的同时，也带来了一定的负面影响，有些园林过于偏重造园技巧而冲淡了园林的意境。乾隆、嘉庆两朝是皇家园林建造数量最多、艺术造诣最高的时期，特别是乾隆皇帝数次下江南，将江南园林艺术引进御苑，使皇家园林中名园荟萃，出现了颇有特色的“园中园”，丰富了皇家园林的艺术手法，出现了避暑山庄、圆明园、清漪园等一批具有里程碑性质的优秀大型园林。

私家园林在承袭前代的基础上，发展形成江南、北方、岭南三大地方风格，其中江南园林以其造园技艺之精湛、保存数量之多而居于首位。此时市民文化的繁荣使宅园大兴，而别墅园失去了兴旺的势头，士人皆醉心于城市里壶中天地、咫尺山林的营建；同时，园林中建筑的比重、密度加大，造园技巧在高度成熟的同时，开始走向程式化而失去了旺盛的生命活力。所以，这一时期的园林就情趣和意境而言，未必胜于前朝，尤难及唐宋。

公共园林往往临水而建。为了适应市民阶层的生活习俗和实际需要，商业、服务业和公共园林被相对结合起来，形成城市里的公共绿化空间，但这种建造活动多半处于自发阶段，始终处于较低的发展层面。清末造园理论的探索停滞不前，许多匠师们高超精湛的技艺停留在口授心传的原始水平，未得到总结、提炼和升华，失去了早先文人造园活动中积极进取、富于开创的热情，最终导致园林建设衰颓，中国古典园林的发展阶段宣告终结。

2. 中国古代城市景观设计

中国古代城市在建造方面大多采用土、木、砖等材料，与西方建筑中大面积采用石材相比，在处理方面要简易一些，但却不易保存。往往一个都城是建立在另一个旧城的原址之上，而旧城的规划、格局、手法及功能的体现，都无疑会对新城的兴建产生一定程度上的影响，使新城在政治、军事的完备性方面得到提升。这种按照统治者意图而兴建的城市一般格局比较整齐有序，强调左右对称，分区明确，街道宽大，绿化及排水系统均十分完善。

（二）中国近代景观设计

中国近代景观设计始于外来文化与传统文化之间的冲突达到临界点之时，这个临界点的标志是西方列强以洋枪洋炮侵犯中国。在那个屈辱的年代，人们对传统文化的反思达到了前所未有的深度，而对传统文化及艺术的批判也达到了前所未有的激烈程度。民族的屈辱境遇也终结了传统园林景观艺术的发展进程。在西方城市景观思想指导下的中国近代城市景观设计被打上了半殖民地的烙印。

1868 年，上海建造了黄埔公园。具有讽刺意味的是，这个所谓的“公园”，却只对西方人开放。该公园明确规定了“华人与狗不得入内”，这与同一时期在西方世界普遍宣扬的自然、平等、趋于开放的“公园运动”形成了鲜明的对比。1908 年，法国公园（即复兴公园）在上海建成；1919 年，积斯尔公园（即中山公园）在北京建成。这个时期的公园多采用法国几何规则式和英国自然风景式风格，它们只不过是为殖民者服务的休闲场所。

1906 年，在无锡、金匮两县，乡绅俞伸等筹建的“锡金公花园”，可以认为是我国自己最早建造并对国人开放的近代公园之一，是现代公共开放空间的萌芽，其意义不容忽视。它突破了传统意义上的私家园林、皇家园林和殖民主义园林仅为少数人服务的特点，在相当程度上沿袭了我国传统园林的许多手法，如多建筑、无公共草坪、有假山池沼等。

辛亥革命之后，在广州、南京、武汉和昆明等城市，相继出现了一些城市广场和公园，如广州的中山公园、南京的中山陵前广场、汉口市政府公园和昆明翠湖公园。这些城市景观作品有的是在原有景区或古建园林的基础上改建或扩建而成的，有的是在新址上参照当时西方造园的手法仿建而成的。

1935 年，中国近代城市规划师莫朝豪在《园林规划》中提出“都市田园化和乡村城市化”的概念。在强调城市景观的公众性，以及向西方学习、洋为中用的同时，他过分强调了市政和工程方面的要求，而忽视了具有丰富文化内涵和文人气质的中国古典园林精髓在新时代景观创作中的作用。

近现代中国兵戎不断，民不聊生。志者忙于报国，学者投笔从戎，动荡的局势和凋敝的社会，严重阻碍了中国近代民族城市景观的发展，导致西方景观园林理论和思想入侵。这种“先进的”理论在开放性、公众性、经营方式等方面无疑产生过积极的影响，但也在一定程度上阻碍了传统造景文化的传承和发展。这造成了后来中国城市景观创作空洞、不具特色且毫无内涵的后果。

（三）中国现代景观设计

中华人民共和国成立后，现代园林在发展国民经济、肃清封建思想、营造大众乐园思想的指导下发展了十年；而后又在困难时期和整顿提高经济的社会大环境中艰难发展了几年。在理论方面，中国现代景观设计主要学习苏联城市园林绿地规划模式，即比较强调城市景观的“游憩”功能——源于苏联城市休闲生活系统的景观建设实践。按照苏联模式，许多城市都修建了宽阔的林荫道公园。

1. 中国现代景观设计的发展阶段

1949—1959 年是中国现代景观设计的恢复与建设时期。中华人民共和国成立之初，由于经济条件不足，在城市建设中很少新建公园，而是把中华人民共和国成立前的仅供少数人享乐的场所，逐步改造成为可供广大人民群众进行娱乐、游览、休闲的公园。

随着国民经济的不断恢复，中国于 1953 年开始实施第一个国民经济五年发展计划，城市景观建设也由初期的恢复阶段开始进入有计划、有步骤的建设阶段。中国城市的景观建设开始有了较大的转变，也取得了一定的成绩，如许多城市开始新建公园、绿化街道、绿化工厂、绿化学校，以及扩建苗圃等。

1960—1965 年是中国现代景观设计及发展的调整时期。这一时期，由于中国经历了三年困难时期，并且受到不利的国际环境等影响，中国现代的景观建设面临着严重的困难。景观建设投资缩减，有的景观工程被迫中止。

在 1978 年改革开放以来的四十多年时间里，我国城市公共空间景观的设计理念也经历了三个阶段的演变。

（1）改革和探索阶段（1978—1991 年）

1978 年的改革开放，标志着中国开始由计划经济向市场经济转变。1978—1991 年，随着改革开放的进行，西方设计理念进入中国，中国城市公共空间景观设计的发展体现出“改革中有发展、发展中有突破”的特点，但总的来说，还处于初步发展的阶段。这表现为商业步行街只是零星出现，以城市绿化为单一目标的城市公共绿地景观蓬勃发展。比较有代表性的是南京夫子庙商业步行中心和北京琉璃厂文化一条街等。除了空间类型丰富以外，这一时期公共空间的数量和景观质量都有大幅度提高。城市公共绿地景观得以蓬勃发展，如济南护城河改造等。这一时期尤以小游园居多，如南京市珍珠小游园等。

这一阶段，以“基本功能的满足”为设计的出发点。从 1978 年到 1991 年，中国城市公共空间有一定的发展，但总的来说，还处于改革和探索的初步发展阶段。城市建设主要依靠政府手段，市民的参与度很低。其中，城市广场仍以交通广场、纪念广场为主，尺度往往过于宏大，功能也比较单一；城市公共绿地的建设以提高城市绿化率、美化城市为出发点，因而往往不能满足广大市民的使用需求。这一时期，城市公共空间的建设以满足城市的基本功能为设计出发点，很少考虑公共空间与进入其中的人之间的关系，形式和功能相对来说都比较单一。

（2）模仿与反思阶段（1992—1999 年）

1992—1999 年是中国现代城市公共空间设计理念转变的第二阶段。中国完成了由计划经济向市场经济的转变，经济的转轨带动了城市建设的高速发展。随之而来的房地产热和开发区热，使得城市公共空间景观的建设浪潮也随之到来。这一时期，中国城市公共空间景观的建设呈现出“从初期的大量西化到后来的反思向前转变”的特点。

20 世纪 90 年代初，城市建设也表现出全球化的趋势，呈现出许多模仿和西化的现象，出现了大量的西式住宅、欧式别墅。在这种大环境下，城市公共空间景观在蓬勃发展的同时也不可避免地出现了“模仿西化”的现象。城市公共空间建设表现为大量广场及商业步行街的出现，其中不乏盲目地求大、求形式的现象，尤其在旧城更新过程中，这些现象极大地破坏了当地的人文环境、文化脉络，导致城市空间环境单调乏味。

1997 年亚洲爆发金融危机之后，人们开始反思之前的建设热潮，可持续发展的观点也开始受到普遍关注。人们在面对全球化的同时，开始理性地对待城市公共空间景观的建设，而不是忽视城市环境、地域特色盲目地建设，开始关注空间与周围环境的融合和公共空间的可持续发展，典型的城市公共空间景观如南京汉中门市民广场和广州陈家祠广场等。

这一阶段追求“美”与“舒适”。20世纪90 年代初期，伴随着建筑界盛行一时的“欧陆风”，中国城市公共空间的建设也进入了一个纯粹追求视觉“美”

的阶段。这种“美”表现为出现了大量的广场、步行街，这一类型的公共空间在过分追求形式的同时，也导致功能的单一，往往是“中看不中用”。到了20世纪90年代中后期，人们便开始产生了审美疲劳。于是，当亚洲金融危机爆发之后，人们开始普遍地关注可持续发展。所谓可持续发展，其实是人与自然环境达成的一种平衡与和谐。在城市公共空间上表现为人在空间中所追求的“舒适感”，这种“舒适感”首先体现为公共空间的功能对人的生理需求的满足。

（3）兼容并包的共生时代（2000年至今）

中国成功加入世界贸易组织以来，经济发展进入了一个更加开放的新时期。随着中国市场的全面打开，各种设计思潮也全面冲击着中国设计界。与此同时，境外设计公司也纷纷进入中国，冲击着国内的设计市场。正是在这样一个多元文化共生、竞争激烈的环境下，中国城市公共空间景观的设计理念在经历了从“改革与探索”到“模仿与反思”两个转变之后，开始迈向更加成熟的设计时代，以上海延中绿地为代表的一系列城市公共空间的建设标志着这个时代的来临。延中绿地的建设完成标志着国内外设计公司合作时代的来临，标志着“兼容并包”的设计时代的来临。“兼容并包”不仅体现在设计理念的多元化上，还包括公共空间形态的多维度、功能的复合性、风格的多元化，等等。

这一阶段追求心理需求的满足。21世纪，中国城市公共空间处在一个“兼容并包”的设计时代，这个时代是一个多元化的时代，也是一个人性化的时代。这里所说的人性化是一个宽泛的概念，不管是本土化、地域性，还是绿色设计、生态设计，归根结底都是以人为设计的出发点，即“以人为本”。人们开始对环境有精神层面的追求，开始了对场所归属感的追求。当人和环境建立起和谐关系时，便能够使处于该环境中的人在情感上产生十分重要的安全感，能借此在自己与外部世界之间建立起和谐的关系。文化的场所差异与人对场所的追求要求城市公共空间具有多样性。简·雅各布斯认为“多样性是城市的天性”，充满活力的街道和居住区都拥有丰富的多样性。因此，在这个“以人为本”的设计时代里，城市公共空间的建设当然要以满足人的精神需求为设计的出发点，即要建设多样性的公共空间。

现代景观设计要充分考虑景观环境的属性，要体现为人所用的根本目的，即人性化设计理念。在整个设计过程中，应始终围绕着“以人为本”的理念对每一个细部进行规划设计。“以人为本”的理念不只局限在当前的规划，服务于当代的人类，而应是长远的、尊重自然的、维护生态的，如此才能切实为人类创造可持续发展的生存空间。

2. 中国现代景观设计的基本特征

中国现代景观设计也是在前一时期的基础上，结合本时期社会、经济及人们生活方式的客观需求，通过不断地推陈出新和引入国外先进的景观设计理念才得以发展的。从景观设计的专业角度来看，中国现代景观设计具有以下六个基本特征。

（1）追求设计要素的创新。

（2）突出形式与功能的完美结合。

（3）体现景观设计中现代与传统的对话。

（4）强调景观场所的特征与景观文化的现实意义。

（5）尊重自然和提倡生态环境的可持续发展。

（6）在当代艺术思潮的影响下不断向传统的景观设计观念发起挑战。

第二节　景观设计的理论基础

一、景观设计空间认知理论

景观设计的实质就是外部空间设计，是人性化的空间设计。设计后的空间必须满足人的需求，即满足人的生理需求和心理需求。因此，景观设计的合理化标准应该通过人对空间认知的生理和心理满意程度来进行评价。

景观知觉是指人经由五种感官，接收到环境景观所给予的刺激，并对其加以解释和判断的过程。景观知觉会因为观赏者不同而产生差异。个人景观知觉总是根据各自的特性，如社会背景、动机、目标、期望、人格、经验、文化和价值观等方面的差异，经过一连串的心理反应，如认知、情感、知觉、偏好及评价等，形成不同的个人景观体验。事实上，人通过多种感觉体验环境，不同的感觉之间相互影响，同时也影响着个人对总体环境的评价与判断。

环境体验主要以视觉为主，也始终涉及其他感觉。不同感觉之间可以相互影响，如相互加强或相互削弱。因此，在环境设计中要充分调动视觉以外的其他感觉因素，如听觉、触觉、嗅觉和身体动觉，以增加和丰富环境体验。

景观设计中的造型、尺度、材质、色彩、光线等，都是景观设计中的基本元素，这些元素直接或间接地与人的心理感受相互关联。

空间认知由一系列心理过程组成，人们通过一系列的心理活动，获得空间环境中相关位置和现象属性的信息，如方向、距离、位置等，然后对其进行编码、储存、回忆和解码。空间认知依赖于环境知觉，环境信息的捕捉靠感官来实现。比如，通过对道路、标志物、边界等要素的观察，获取某一区域的信息；通过视觉，把握不同地点之间的距离，捕捉不同区域的主要标志物。

空间认知是一个动态过程。人识别和理解环境的前提是在记忆中重现空间环境的形象。感知过的事物在记忆中重现的形象称为意象或表象，具体空间环境的意象被称为认知地图。它包含事件的简单顺序，也包括方向、距离，甚至时间关系的信息。一般而言，人脑对环境越熟悉，认知地图就越详尽。认知地图在人脑记忆中的表征形式有两种：一种类似于外界环境的心理图像或意象，另一种是命题式的。认知地图可以帮助人们理解自己和环境的关系，确定目标的空间定位方位、距离，寻找到达目标的路径，并建立起个人对环境的安全感和控制感。认知地图还是人们接受新环境信息的基础。一个城市有着大多数人公认的重要元素，它们构成城市的公共意象，也即公共认知地图。清晰的城市公共认知地图有助于市民开展公共活动和社会交往。

二、环境心理学理论

环境心理学是研究环境与人的行为之间相互关系的学科，着重从心理学和行为学的角度探索人与环境的最优化，涉及心理学、医学、社会学、人体工程学、人类学、生态学、规划学、建筑学和环境艺术学等多门学科。

这里所说的环境虽然也包括社会环境，但主要是指物理环境，包括噪声、拥挤度、空气质量、温度、建筑设计、个人空间、景观环境等。

环境心理学关注的是人的行为活动，人的行为活动主要分为三种：必要性活动、选择性活动和社交性活动。同时也要关注人的行为习性，人的行为习性主要有动作性行为习性（抄近路、靠右侧或左侧通行、逆时针转向）和体验性行为习性（看人也被人看、围观、凝思）两种。

在景观设计过程中，空间布局等要充分考虑人的行为习性与空间领域之间的关系。该理论研究具有以下特点。

将“环境－行为”关系作为一个整体加以研究；强调“环境－行为”关系是一种交互作用；几乎所有的研究课题都以实际问题为取向，具有多学科性质；以现场研究为主，采用来自多学科的、富有创新精神的折中研究方法。

三、景观形态美学

景观形态的具体内容由点、线、面、形、色彩和肌理构成。景观形态的内容构成了空间形式的主要视觉因素。从视觉和感受来分析，就会涉及一个形态的表情问题，而形态的表情有庄严的、松散的、神秘的、隐喻的、动感的等。以传统的美学原则来思考，就要关注形与形、空间与空间的相互关系。

（一）点、线、面

点是空间最重要的位置。对大区域来说，点是一种空间位置；对小尺度空间来讲，点就是一个小景点或是一个小构筑物、一件公共艺术品。点有两种：视觉中心点和透视消失点。视觉中心点又分为注目点和标志点。点是景观设计中重要的空间布局方法之一，也是造型艺术设计中重要的特征之一。

线在视觉上表达方向性。线是连接点空间的重要方式，也是造型艺术中最基本的要素，两点（空间）之间连接生成线，同时它是面的边缘，也是景观中面与面的交界。线在任何视觉图形中，都有它的重要位置，它可以用来表示连接、支撑、包围、交叉。垂直线可以用来限定某一个空间范围。在设计中，一条线可以作为一个设想中的要素。例如，设计中轴线、动线，即由空间中的两个点所产生的规则线条。在这条线上，各种要素可以做多种形式的排列。在城市空间里，线就是城市的道路，起到沟通和划分空间的作用；在某一特定场所中，线就是园路，是引导人们进行观赏的路线和布置景点的界面。

面从概念上讲只有长度和宽度，没有深度。面最大的特征是可以辨认形状。它是由面的轮廓线确定的。面对空间的限定可以由地面、竖向平面、顶面来实现。对景观设计而言，空间界定主要由地面和竖向平面完成，偶尔用到顶面。

地面是景观设计中一个重要的设计元素，它的形式、色彩、质感决定其他要素。地面材料的质感和密实度也将影响人通过其表面的方式。垂直面（墙体、绿篱、成排的树等）决定空间的联系程度，它的形式在很大程度上影响景观的总体形式。在景观设计中应用得当的曲面，能丰富整体效果，改变由单一平面造成的单调、呆板的气氛。

（二）图形

景观中的形可分为人工形与自然形，人工形又可分为几何形与模拟自然形。

几何形源于三个基本的图形：矩形、三角形、圆形。

矩形是最简单也是最有用的设计图形，雅致而庄重。线的纵横交错生成矩形，在景观设计中这是最基本的图形，它与建筑原料的形状类似。由于两种矩形易于衍生出相关图形，在建筑环境的景观设计中，矩形是最常见的组织形式。在历史上，几乎所有的古代文明中都出现过有矩形元素的景观。

直线纵横交错组织起来城镇、房屋和景观花园的平面。水平和垂直地组织空间是很基本的形式，也是最容易的设计方法。在景观设计史上，矩形是最好的围合空间的形式。

三角形有运动的趋势，能使空间富有动感，随着水平方向的变化和三角形垂直元素的加入，这种动感会更强烈。与矩形相比，三角形的兼容性很差，有着更明显的方向性、动感性，有力而且尖锐。但它能创造一些出人意料的造型效果，给人以惊喜。若能与直线良好配合，往往能为灵活空间的营造打下基础。

圆形有简洁、统一、整体的魅力，就情调而言，圆形给人以圆满、柔和的感觉，也具有运动和静止的双重特性，圆形在美学上是极具向心性的图形。单个圆形空间具有间接性和力量感，多个圆的组合效果是很丰富的。基本的方式是不同尺度的圆相叠加或相交。圆形还可以分割成半圆、1/4 圆等，并沿着水平轴和垂直轴移动而构成新的图形。

四、景观色彩美学

人们主要通过视觉来欣赏和体验景观环境，影响视觉的主要因素是色彩。因此，景观色彩设计和景观场所中的色彩构成对景观视觉形象的塑造起到至关重要的作用。

景观的色彩不仅因地域而不同，而且随时间推移不断变化，呈现出流动的、难以捉摸的色彩画卷。景观环境的追求之一就是“师法自然”，因而自然的色彩及其组合必然成为景观环境“师法”的对象。与其他设计要素一样，只有通过精炼、提取、抽象，实现色彩的自然属性与社会属性的统一，才能升华至色彩组合的艺术美。较之其他艺术形式，景观环境更接近自然，它的组成要素大多取自自然，因此在色彩组合上所受的限制更大，不可能像绘画、雕塑那样自由地运用色彩。但同时，正由于景观环境要素大多源于自然，所以这些自然要素无须进行调色就已具有了自然美。这时，色彩之间的组合就显得更重要了。

景观环境色彩由自然色和人工色组成，它们有几个特点：自然色彩种类多而且易变化，特别是其中植物的色彩，一年中，植物的枝干、叶片、花朵的颜色都在变化，而且每种植物有不同的色彩及变化规律；而人工色彩相对稳定，一般有固定的颜色。景观环境的基调色多是生物色彩，如植物的色彩，它在景观环境中所占的比例最大，非生物色彩与人工色彩点缀其间。自然色彩虽然易变，但也是有规律可循的，设计者可以通过调节人工色彩，达到与自然色彩的协调。色彩属于视觉艺术，景观环境色彩的组合应以满足视觉需求为原则。视觉需求是一个不断变化、发展的因子；同时，它也有相对稳定的一面。视觉需求相对稳定的一面是指人们的色彩观念常受到文化传统的影响，即这种观念与当地文化、风俗习惯、宗教信仰密切相关，不易变更。

景观环境的色彩组合方法大致有两种。一是类似色的组合，色轮上 90° 角以内的色彩相互组合，这些色彩在明度、纯度上有所变化。如景观环境中的树木和草坪，不同树木具有不同纯度、明度的绿色，将其组合就属于类似色的组合。这种色彩组合较素净、柔和，但易造成单调感。二是对比色的组合，色轮上相距 120° 的色彩形成对比色的组合。景观环境中自然色彩与人工色彩可形成对比色的组合。这种色彩组合给人的感觉鲜明、强烈，往往可达到较好的景观效果。

景观环境中植物的不同色度可形成类似色的组合；植物的色彩与非生物的山石、水体等的色彩也可形成类似色的组合。同时，植物本身的叶色变化、花与叶的不同色彩也可形成对比色的组合。这些类似色与对比色都是自然物本身所固有的，在一定程度上限制了对色彩的运用，因此不能随心所欲地操纵它们，只能有目的地加以利用。对建筑、景观小品、铺装、人工照明等这些人为物的色彩可以直观地进行设色，使它们的色彩与其他要素的色彩形成对比色的组合或类似色的组合。因此，在搭配色彩组合时，可利用人工物的色彩在景观中形成画龙点睛之笔，如秦皇岛汤河公园的“红飘带”就是一例，耀眼的红色与周围的环境形成强烈对比，给人以视觉刺激。此外，在设计景观环境的色彩组合时，还应考虑到色彩与地域环境的关系。通常，在炎热地区，宜多采用白色、浅淡色、偏蓝偏绿的冷色，能给人一种凉爽、舒适的感觉；相反，在寒冷地区，宜多用暖色，如偏红、偏黄等色彩，或者在中性色系中设局部暖色，增加温暖感。这是通感决定的视觉要求，我国传统景观环境中北方的色彩华丽而南方的色彩较素淡恰好证明了这一点。

景观环境中的功能区大多是根据使用对象或用途的不同来划分的。不同的使用对象有不同的视觉需求，不同的用途也需要不同的色彩来配合。因此，各功能区应运用不同的色彩组合。如根据使用对象不同，将景观环境分为儿童活动区、青少年活动区和老年人活动区。这些不同年龄的人群有不同的审美偏好。儿童一般好奇心强、色感较单纯，喜爱一些单纯、鲜艳而对比强烈的色彩组合，因此儿童活动区宜使用明度高、纯度也高的红、黄、绿、蓝等色彩组合。此外，由于儿童好动，可采用暖色调。青少年大多性情活泼，有着蓬勃的朝气，偏爱明快与活泼的色彩组合，因此，青少年活动区可考虑采用明度高、纯度中等的暖色，色彩组合应注意对比色与类似色兼而有之，并能形成视线焦点。老年人喜静，好回忆往事，性情沉稳。视觉需求中以视觉经验为主，与流行色常保持一定的距离。所以，在景观的色彩组合上尤应注意类似色的运用，以求得和谐的冷色调，但景观中也应考虑暖色的点缀，以免色彩组合过于平淡。

景观环境中，体育活动区的色彩组合应与它的用途相协调。为适应体育活动区的特点，宜选用活泼、单纯的中性色，这样不仅不会影响运动员的注意力，也不失运动场活跃的氛围。虽然不同功能分区有不同的色彩组合要求，但总体来说，整个景观环境的色调应有统一感，即在整体与各功能分区的关系上，各功能分区与各景点的关系上，做到“大调和、小对比”。

色彩是现代景观设计中需要关注的要素之一，在景观视觉效果的营造中起到越来越重要的作用，影响着人们的心理，也改变着人们的生活。因此，在景观设计过程中，要考虑色彩对人的影响，无论是大尺度的城市规划设计，还是小尺度的场所设计，都要注重色彩设计。

五、景观生态学理论

景观生态学理论是 1939 年由德国地理植物学家特洛尔提出的。它是以整个景观为对象，研究在一个相当大的区域内，运用生态系统原理和系统方法研究景观结构和功能、景观动态变化及相互作用机理，以及研究景观的美化格局、优化结构、合理利用和保护的学科，是一门新兴的、多学科之间的交叉学科，其主体是生态学和地理学。例如，从某地的航拍片上可清晰地看到森林、草地、河流、城镇等相互作用的生态系统聚合而成的景观。景观中观察到的空间格局，包括种类、大小、形状、轮廓、数目和它们的空间配置，取决于物理的、生物的和社会的力量之间的相互作用。对于景观结构中的空间格局及其变化，景观生态学制定出一系列定性和定量的指标，如景观的镶嵌性、连接度、碎裂性、均匀度、丰富度、边缘度等，这些特征对物种的分布、运动和持久性有很大影响。景观生态学的研究焦点就是景观空间格局对生物群体的各种影响，以及景观空间的结构、功能和动态。景观生态学在农林牧渔、风景旅游、城市规划设计、矿区开发、环境规划及国土整治等许多领域有重要的实践意义。

景观设计在某种程度上来说就是人们为营建某一空间场所而对场地进行破坏后的生态恢复的过程。在景观设计过程中，要充分考虑生态设计的方法和技术，把人类对自然环境的破坏降到最低程度。

如今，景观生态学的研究焦点是较大的空间和时间尺度上的生态系统的空间格局和生态过程。景观生态学的目的就是要协调人类与景观的关系，如进行区域开发、城市规划、景观动态变化和演变趋势分析等。景观生态学以整个景观为研究对象，强调空间异质性的维持与发展、生态系统之间的相互作用、大区域生物种群的保护与管理、环境资源的经营管理，以及人类对景观构成的影响。

第二章 现代景观设计思潮与发展趋势

随着经济社会的不断发展，人们越来越强调生态环保、人居环境质量、艺术风格和地域特色，景观设计也因此有了更为广阔的天地和发展前景。新的景观设计不仅仅是风景或者园林，还结合多种学科不断发展，为整个人居环境服务。本章就从景观设计未来的发展方向展开论述。

第一节　现代景观设计思潮

一、现代主义景观设计

本节论述的现代主义景观设计是从时间维度进行划分的，指的是受到20世纪的现代主义思潮影响而产生的一种景观设计的潮流，在审美特征上与传统的景观设计有着较为显著的区别。20世纪初，西方呈现了一系列的艺术改革运动，运动的结果是从思想方法、表现形式、创作手法、表达媒介等方面对艺术进行了全面的变革。这场艺术运动不仅改变了艺术的价值观、服务对象、创作理论和思想内容，还彻底改变了艺术的表现形式。

现代主义景观设计的潮流萌芽于第二次世界大战前后，这一时期现代艺术兴起，现代建筑理论和建筑作品也对景观设计产生重大影响。于是美国的景观设计领域发生了一场“哈佛革命”，现代主义景观设计逐渐产生并成型。相比传统的景观设计理念，现代主义景观设计思潮的创新点主要体现在设计理念上。这种思潮认为景观设计的起点是功能，使得景观设计在这一时期离开了传统景观设计追求图画式审美的先验主义。

众所周知，现代主义建筑兴起在很大程度上受到新材料和现代化工业生产的影响，但在景观设计领域，这一变革却遭遇了一个难以解决的困境。土壤、水和植物等都是景观设计中不可或缺的要素，在景观空间里很难被新材料替代。但景观设计师在变革创新的历史潮流中并未放弃对传统的批判和背离，他们从另一个方面找到了景观设计创新的路径。景观设计的革新受到建筑革新的影响，一方面，现代主义景观设计的核心理念与现代主义建筑的理念一样，认为设计的起点是功能；另一方面，现代主义建筑对立体空间的探索激励了景观设计的发展，使景观设计逐渐开始注重空间感。

景观设计革新的第一步是摆脱传统景观设计追求优美自然风光的审美，完成这一步骤后，现代主义景观设计需要找到自身的落脚点，而功能主义正是现代主义景观设计大师们的重大发现。美国建筑师路易斯·沙利文的名言“形式追随功能”在现代主义景观设计领域受到认可，景观的形式诞生于对功能的追求是现代主义景观设计的基本观点。詹姆斯·罗斯提出，人在空间中的动线和体验是景观设计的重要部分，他认为人的活动应当是景观空间设计考虑的首要因素。

功能主义对现代主义景观设计者而言最大的作用在于，这种新的设计思潮能够避免设计者在自然式庭院代表的浪漫主义和规则式庭院代表的理想主义之间犹豫。功能主义中蕴含理性的精神，将服务于人的活动作为景观的功用，功能主义的观点认为设计的方式必须满足人的使用需求，空间本质上是人活动的外部场所，无论景观设计的具体指向性如何丰富，其根本目的始终在于为人服务。

对现代主义景观设计者而言，解决现代人类生活中的问题是他们的职责，空间排布和景观的设计成为解决问题的途径和工具。他们从更加具体的方面对景观设计进行考量，如场地的朝向、功能区域的划分、空间序列和流线的安排，以及景观的结构、使用的技术等，可分析的特点使得实用性的目标变得可实现。伴随着设计理念的改变，传统景观设计的美学原则的地位在一定程度上受到了影响，景观设计的基石也因此发生了改变。

出自现代主义景观设计师罗伯特·泽恩之手的纽约佩雷公园就是从功能主义出发进行设计的典型例子。罗伯特·泽恩认为，林荫大道和中心公园无法满足城市居民的生活要求，城市居民的生活节奏快、生活压力较大，因此人们可能随时需要休憩的空间，佩雷公园的设计方案由此诞生。佩雷公园与传统公园的区别之处在于，前者是高密度地分散在城市中心的空隙之中的，这使得公园的空间具有极强的实用性。佩雷公园本身具有一定的纪念意义，但泽恩在设计时并未强调这一点，他没有选择使用雕塑或纪念品等装饰物，转而注重公园空间在建造与维持方面的可操作性，通过水域、树林等元素将公园空间从人行、车行的城市空间中分离出来，形成一个个远离污染与噪声的开放式休息区域，为疲惫的城市居民提供休憩的场所，这种景观区域对现代城市的意义不言而喻。

这种设计理念在现代主义景观设计师的作品中都有所体现，但又有所差别。比如詹姆斯·罗斯，作为景观设计“哈佛革命”的领导人之一，他在设计中最注重的也是对空间的利用；丘奇作为加利福尼亚学派的代表人物，其作品的精妙之处也在于设计语言与顾客需求之间的巧妙融合，而非严谨的结构秩序；而现代主义设计师艾科伯最重视的是社会尺度对景观设计的意义，主张景观空间在城市的公共生活中发挥作用；丹·凯利的作品在现代主义景观设计中颇具几何感与秩序感，但他也认为对艺术的追求是建立在功能的基础上的。

劳伦斯·哈普林是现代主义景观设计中最具代表性且最能够反映这一时期、这一流派审美理念的人物，现代主义各方面的理念在他的作品之中都有所体现，如重视景观空间的社会功能、强调景观对自然环境的适应、认为对功能的追求会影响形式等。哈普林的一系列景观设计作品都是以自然作为设计灵感，这些作品不仅起到了美化城市环境的作用，而且为城市居民提供了人性化的休憩场所。景观设计作为城市公共建设的一个方面，在20世纪60年代受到了社会民主进程推进的影响，公众参与的决策制度一定程度上对景观设计的变革起到了推动作用。哈普林正是这一变革的直接拥护者和倡导者，哈普林的努力使他的公司具备了能够适应新的社会环境的设计程序。他的公司实施各种信息反馈的举措，收集公众的意见，使得社会的意愿能够在城市公共区域的景观设计中体现出来。

二、后现代主义景观设计

资本主义国家社会经济的发展在20世纪60年代达到全盛，但转变与动荡悄然出现在文化领域。一方面，20世纪50年代出现的代表着流行文化和通俗文化的波普艺术到20世纪60年代蔓延到设计领域；另一方面，20世纪六七十年代以来，人们对现代化的景仰也逐渐被严峻的现实打破。这一时期，人口爆炸与环境污染的问题相继出现，城市的犯罪率变高，糟糕的状况使人们对现代文明产生了质疑与失望，现代主义风格的建筑也在经历了30～40年的流行期后逐渐衰落，不为大众所青睐。

在这种情况下，人们一边对现代审美产生厌倦，期待改变，一边深切地怀念过去的社会状态和美好时光，于是传统的伦理、文化，以及历史的意义和价值重新开始被人们重视。后现代主义思潮便应运而生，以其批判与否定的基调和多元化的色彩对当代社会造成了巨大的冲击和震荡。

美国建筑师罗伯特·文丘里在1966年发表的文章《建筑的复杂性与矛盾性》（*Complexity and Contradiction in Architecture*）中首先呼唤了后现代主义风格建筑的到来，成为后现代主义建筑发展的起点。此后，美国建筑评论家查尔斯·詹克斯在其1977年问世的著作《后现代建筑语言》（*The Language of Post-modern Architecture*）中又提出对新建筑风格的倡导，这种风格与现代主义相去甚远，是以折中主义为基础而价值取向倾向于通俗的新趋向，詹克斯对这种后现代主义的建筑风格进行了总结，并将其主要特征概括为直接的复古主义、历史主义、文脉主义、新地方风格、隐喻和玄想，以及后现代式空间六个要点。

后现代主义的建筑理论诞生后，先锋派的建筑师们将其运用于实践领域，开始进行后现代建筑的设计。后现代主义思潮在建筑领域的盛行影响了与其联系紧密的景观设计行业的发展。罗伯特·文丘里在1972年规划设计了富兰克林庭院，他并未在原有遗址的基础上对遗留的建筑物进行修复或是重建，而是发挥自身的想象力，使用不锈钢的骨架对遗址的原有建筑进行模拟，形成了独特的审美效果；1977年，文丘里设计了宾夕法尼亚大街的自由广场，他通过独特的审美眼光和设计语言，以平面化的方式将历史片段结合起来，简明、生动地展示了宾夕法尼亚大街的历史与蕴藏其中的文化内涵，与传统的纪念性广场设计的思路截然不同。美国景观设计师查尔斯·摩尔在1980年为新奥尔良的工商业综合区设计了意大利广场，该广场的设计理念结合了舞台剧的布景与拼贴式的构图，给人以“杂乱而疯狂”的观感。

在景观设计方面，后现代主义思潮主要体现在重视设计的场所，理解传统的伦理与审美，以及继承历史等方面。后现代主义对历史和传统的继承伴随着设计手法上的创新，隐喻与象征是后现代主义景观设计中常用的手法，后现代主义将现代主义的观念重新予以选择与评估，使其在新的历史条件下可以重新发展。它在景观设计中主要表现为四个方面。

（一）强调历史文化

后现代主义风格景观设计强调设计的历史文化性。这些历史文化元素通常体现在景观的细部设计中，通过丰富的视觉符号来进行展示。用装饰性或是简约的手法突出视觉的象征作用。同时，景观设计手法有了新的拓展，运用具有中国传统的光、影与建筑构成空间，赋予了空间历史文化传承的新概念。

（二）强调新旧融合、兼收并蓄

后现代主义风格景观设计并不是简单的恢复历史痕迹、历史风貌，而是把眼光投向被现代主义风格摈弃的历史建筑中。承认历史的延续性，有意识、有目的地吸收传统建筑中具有代表性的元素，使用拼接、分离、简化、变形、结构、重组和混合等方式对历史素材进行处理，同时将历史的视觉元素与新的建筑材料和建造技术结合在一起，实现传统与现代的融合，这就是后现代主义景观设计中“折中”理念的体现。

（三）强调人文艺术

后现代主义风格景观设计强调具有传统元素存在的人文艺术风格。它完全抛弃了现代主义风格的严肃与几何，往往运用艺术的隐喻性，充满了大量的艺术装饰细节，可以制造出一种含糊不清、令人迷惑的情绪，强调人文、艺术与空间的联系，使用诙谐的色彩演绎艺术与景观。

（四）强化设计手法的不明确性

后现代主义风格景观设计的手法十分丰富多变，没有固定的规则与模式，擅长将传统的模式进行解构、分裂和重组，打破之前景观设计中的空间分割和意象设计的规则，仅将视觉元素保留下来，作为设计的素材。分解与重组造成了设计手法的多样与不确定，现代主义设计思潮中规整、理性的部分被后现代主义风格消解，并以戏谑调侃的方式重新表达出来，使整体氛围更加轻松。

20 世纪 60 年代以来，在后现代景观设计理论发展的时期，大尺度的景观规划设计和小尺度的景观规划设计都发生了新的变化，前者转向了理性角度的生态方法，后者则在景观设计与艺术融合的领域进行探索。景观设计领域对后现代主义的探索首先是从小尺度场所开始的。1980 年，美国著名景观设计师施瓦茨在期刊《景观建筑》的第一期上发表了关于面包圈花园的内容，这一创新引起了景观设计领域的从业者对后现代主义思潮的重视。这件作品是美国的后现代主义景观设计的第一个实例，设计师施瓦茨在创作的过程中想要使自己设计的场所同时具备艺术的严肃性和后现代的幽默感，于是将两种相互矛盾的元素进行组合，一种是象征着规则、理性与冷漠的几何形态的空间，另一种是代表了民主与家庭的温馨的面包圈。

此外，施瓦茨还将深紫与黄褐两种截然不同的颜色并置其中，形成强烈的对比，这也是这一建筑作品最显著的特点。面包圈花园使用的素材并不新颖，具有历史感的材料蕴含着文化隐喻，凸显出后现代景观设计的核心理念，也为小尺度的景观设计提供了范例，即在有限空间内将一定的传统景观元素依照新的概念和设计者的想法进行组合重构，使景观设计的发展向前迈进了极有意义的一步。面包圈花园中包含了设计者对景观的理解，景观不仅是具有功能性和装饰性的公共空间，还是一件和生活关系紧密的艺术作品。

后现代主义景观设计的风格是社会状况的缩影，也是多元的社会价值的体现，当时美国社会矛盾与复杂的状态正是后现代主义怪诞、融合和交错风格的来源，后现代主义景观设计用自身的语言捍卫着维护弱势人群表达权的理想。后现代主义景观设计的实验在视觉风格上受到了 19 世纪盛行的新古典主义的启发，与之颇为相似，主要体现为对几何形状的运用，与自然主义风格形成显著区别。但后现代主义同时吸收了现代主义推崇的功能主义，历史与社会的因素都成为后现代主义者的工具，不再制约设计者的思路，景观设计从功能的方向朝艺术的范畴逐渐过渡，艺术在景观设计领域占据越来越重要的位置，刺激了景观设计领域的创新和发展。

三、解构主义景观设计

解构主义风格的景观设计源于法国20世纪60年代兴起的解构主义思潮，又被称为后结构主义，这种哲学观点最早由法国哲学家雅克·德里达提出。正如后现代主义与现代主义之间的关系，解构主义这一概念也是相对结构主义而言，实际上是对结构主义的拆解和批判，因此想要理解解构主义，须先理解结构主义。结构主义的观点认为，各种事物之间的联系中都存在着稳定有序的结构，事物内部也有着客观固定的组织方式，因此，稳定、有序和确定是结构主义的特点。解构主义则反对这种整体、系统与有序，消解秩序与中心，强调事物的差异和不确定。

解构主义的思潮在20世纪70年代逐渐对建筑领域产生影响，使建筑思想、理论、实践和评论都发生了较大的变化，在建筑界也掀起一股新的风潮，继而影响了与建筑密切相关的景观设计领域，使景观设计迎来了新的发展。

反抗、颠覆与叛逆是解构主义哲学的关键词，其解构的对象是传统的一元与专制的观念，解构主义建筑与景观设计吸收了这一思想，开始对城市与公共空间的形式进行新的探索。解构主义景观设计注重设计的精神意义与价值，批判传统的设计理念，使得景观重新开始具备表现城市精神、承载城市感情的重要作用。在形式上，解构主义景观设计抛弃了传统景观设计中常用的规整有序的几何图形，转而选择更具复杂性、断裂与冲突意味、不稳定的元素，空间也更加富有动态感。彼得·艾森曼和伯纳德·屈米等先锋派建筑师在运用解构主义哲学的实践中对这种全新的景观设计理论进行了探索。

中心与结构是传统景观设计中必不可少的要素，在传统的居住区、城市绿地和其他的景观规划区域，设计师们总是先在空间中规划一个中心作为视觉的焦点，解构主义反对这种含有等级意味的思维，认为这种划分方式武断地确定了空间的形式，忽略了时间可能给空间带来的改变。因此，这种模式化的思维和固定的结构方式在解构主义设计师的手中被打破。

在哲学层面，解构主义不认可传统哲学中等级森严、秩序分明的二元对立结构，致力于消解这种包含主从关系、具有统治意味的模式，对二元结构中的两者采取分解、转移与消减的方法，使两者能够实现平衡。一方面，解构主义青睐并倡导去中心、片段式、有变化的特质；另一方面，解构主义反对功能主义、形式主义、固定结构和经济之间固有的联系模式。这两方面特征的外部体现是批判和消解传统，关注社会现实。

在建筑和景观设计领域，解构主义消解的主要是传统的布局格式及固定的设计模板。西方建筑与设计的美学讲究形式美，解构主义则打破这种规则的逻辑和秩序，破坏完整的形式，消解突出的中心，采用将传统要素打乱拼接、使空间颠倒、错位或是扭曲、分解等方式，来实现无序、残缺、变化与不和谐的视觉效果。要素的叠加与动态的形式使空间结构更加复杂，能够合理规划本身复杂情况的区域，设计方案往往也具有较大的调整空间。

解构主义在设计构图上善于运用以不规则的图形和大量的波状曲线、斜线为基本原形，采用丰富变化的手法组合成较古典主义和现代主义等更为复杂的结构，让观赏者在心理视觉上进一步把这种复杂的结构进行简化。在这样的过程中形成了许多动感的元素，从而形成有动态力的空间。

法国设计师伯纳德·屈米的作品拉维莱特公园呈现出典型的解构主义风格。在屈米的设计理念中，公园不仅是单纯的城市绿地，他认为公园必须体现文化属性、兼顾功能属性，具有都市化的特征，并且具备愉悦身心和满足城市居民部分知识与行为需求的功能。于是在设计过程中，屈米将公园作为一个处于文化交汇点上的综合体，以此为出发点进行考量，同时强调公园中包含的多元文化、具备的复合性功能，并兼顾城市居民的行为方式。屈米将人工建筑与自然景物结合起来，对自然要素进行人工化处理，作为辅助部分与建筑物相互穿插、巧妙结合。在空间布局上，屈米强调每个部分的独立性，不追求传统景观设计中和谐与统一的秩序，抛弃了中心式的划分方法，点、线、面的叠加使得公园空间中的各个部分被划分开来，形成一个个独立的区块系统。其中，线性的元素大多是公园的交通通道，将各个区域连接起来。建筑物明确的功能性在拉维莱特公园中被消解，屈米的设计使建筑的功能具有不确定的意味，破除了传统设计中建筑功能与结构之间的关系。

解构主义景观设计在思想观念上与解构主义哲学一脉相承，意在打破传统观念中所有的固有观念与既定模式，消解理性、消解形而上，并且反对先验和权威。因此，解构主义的设计不从理性的规则出发，而是以设计师个人的思路为准；景观的形态不再以功能为基准，而是追随设计者的想象。

由于解构主义在客观上对传统模式进行了突破，景观设计的从业者也得以探索新的设计方式，设计思路的改变又促使新的审美标准和规则形成。解构主义的发展使得现代城市的面貌更加丰富，有效避免了生搬硬套和抄袭导致的景观同质化，对景观设计的发展和城市面貌的改善具有重要的意义。

四、极简主义景观设计

20世纪60年代，美国的现代主义园林设计领域出现了一种极简主义的风潮，可称为当时西方现代主义园林的典型风格。20世纪是各个艺术领域迅速发展的时期，在这一阶段，各种艺术相互融合、彼此影响，园林景观设计吸收了雕塑和绘画艺术，使得传统的造型艺术成为20世纪园林设计的重要来源。

极简的英文“minimal”原指“最小化”，体现在景观设计中就是尽可能减少视觉元素的量。这种艺术思潮产生于纽约，主张尽量减少视觉经验对象的比重，追求简单、直接与客观的视觉效果。极简主义景观设计追求以极简的形式表达丰富而深刻的内容，因此设计过程中的简化步骤并不是毫无规律和原则地进行减少，而是要对空间中的视觉元素进行融合提炼，既要满足简洁美观的视觉要求，又要清楚传达符号含义，便于人们理解。此外，注重空间的关系，讲究线条的运用、色彩与光线的搭配，都是极简主义设计风格的特点，如同艺术评论家约翰·贝洛所说：“与抽象表现主义和波普艺术相比，极简主义艺术中最少或似乎最少的是手段，而不是作品中的艺术。”

这种审美取向与艺术规则首先出现在雕塑领域，从20世纪60年代起的几年中，极简主义作为一种艺术思潮逐渐正式地被人们接受。极简主义景观设计的特征体现为运用新的建筑材料、对视觉素材大规模地缩减，以及空间结构的单纯性。

景观设计与艺术存在一个显著的差别，即景观设计必须考虑环境中的各种变化因素。城市景观既是包含了一定空间范围的场所，又是反映时间流逝的载体。景观内部规整有序的部分在视觉上是突出的，能够区别于周围的环境，而外部环境包括了时间的流逝、气候的变化，以及各种生物的活动，这些都会对景观的功能和形态产生影响。但外部环境的变化，以及景观与环境之间的相互影响是复杂且难以预料的，给景观设计的预测工作带来极大的难度。因此，时间成了景观设计必须考虑的重要因素。极简主义的设计师在这方面选择了一种顺应自然环境的方法，他们不依靠科学与工业来改变环境，而是使景观能够反映自然的变化，真正融入环境，让人记忆深刻。

部分极简主义景观反映出的逻辑和理念可能与人类的某些看似毫不相关的原

始文化和思想观念之间存在着密切的关系。如著名的“巨石阵”遗迹，体现的是人类社会的公共动力给自然界留下的痕迹。在科学尚未诞生的早期人类社会，人需要通过一定的方式理解外部世界，从而给予自身安全感，同时也有与外部环境进行交流的生存需求，以探寻自身与外部世界的联系和连接，而“巨石阵”可能就是具备这种功能的场所。此外，也有一类极简主义景观反映的是自然事物的状态，如模拟流动的水声和风声，表现石块平衡的静止、雾气的迷离和微光的闪烁等，哈佛大学校园内的唐纳喷泉便是这类景观的代表作品。唐纳喷泉的设计师选择石头作为主要元素，将呈不规则同心圆形状排列的几十块石头的中间两层布置三十多个喷嘴，喷嘴喷出的水雾形成梦幻迷离的视觉效果，白天折射阳光，让人宛如置身仙境，夜晚折射地上的灯光，显得绚丽又神秘，冬季整个喷泉覆盖白雪，又呈现出截然不同的静美景象。

此外，西方的极简主义园林设计对古典园林设计进行了一定程度的吸收，保留了古典园林设计的精华。极简主义的设计师们对古典园林设计深入研究，将其逻辑思路、设计方法与视觉元素进行提炼与抽象，将其升华为与极简主义设计理念相融合的方法和素材，一定程度上体现出过去某个时代的风貌，极简主义的园林设计也因此有“现代的古典主义”之称。但园林设计领域的现代主义不像建筑领域的现代主义那样界限清晰，因此古典主义与现代园林景观设计之间的关系难以探讨清楚。

在极简主义设计师眼中，园林设计比建筑更早迈入现代主义的范围。19 世纪与 20 世纪之交的日本园林，甚至 17 世纪的几何规则式园林就已经兼具古典主义的精神与现代主义的理念，也成为现代主义园林景观设计的开端。由此来看，极简主义的园林设计意味着回归古典，意味着重新确立规则式园林对规整简洁的设计效果的追求。如美国得克萨斯州与法国巴黎均能见到的“航天巨斧”的设计形式，都体现出极简主义的风范：一者采用简洁大气的放射状构图，另一者使用大跨度的圆弧与轴线对空间进行划分和限定，两处设计都与凡尔赛宫的园林神似。

由于对规则园林与古典主义的回归，极简主义景观在形态上常常呈现出几何的特征，又因为对精神内涵的追求，更呈现出古典主义不具备的神秘气质。几何形状的一个显著特点是为大众熟悉又便于记忆，作为一种充满理性色彩的符号，在景观设计中能够有效地帮助设计者规划空间并确定方位。游观的大众也能凭借简单的几何图形迅速地形成一张虚拟的地图，更快地熟悉公共空间的环境。在人造的环境空间中，一部分景观设计会选择使用自然元素来调和人造环境，掩盖人造环境，几何图形却能够更好地与人造环境融合，呈现出另一种自然的状态。

极简主义景观设计的发展对日益紧迫的环境问题的解决也有一定的正面效果。极简主义的景观设计使用的材料往往也十分简单基础，不需要大量的土壤、木材与植被，钢筋、混凝土和沥青等材料价格低廉且容易获得，但在传统的景观设计中只是最基础的部分，难以实现设计者理想的效果。极简主义设计不排斥使用这些廉价但实用的材料，极简主义设计不认同以沥青、混凝土等材料来模仿和替代其他昂贵材料的做法，并且认为建筑和景观会因此贬值。在极简主义的观念中，这些建筑材料应该以它们本身的面貌出现在景观之中。无论是怎样简单、低廉的材料，只要能够在景观中正确发挥作用，都是可以被选择的。

在景观形式上，极简主义遵循追求客观、简化与抽象的原则，即便是大尺度的空间也尽量使用较少的视觉元素，将各种元素抽象成为简单的符号。极简主义景观设计的构图注重几何图形的运用，设计的母题往往是十分简单的图形，如矩形、三角形、圆形、椭圆形、弧线等，通过母题之下不同元素的重复和叠加达到简约抽象的效果。

将景观作为绝对的艺术作品是极简主义景观设计的追求，表现为不以自然的元素掩饰景观与外部环境的边界，反而强调景观的独立性，竭力使景观摆脱与自然环境和历史人文之间的联系，凸显出景观作品本身的独特，认为作品即是客观真实的存在。

构成主义建筑师弗拉基米尔·塔特林认为景观就是在真实的空间中以真实的材料构建作品，可以说客观与真实就是极简主义景观设计推崇的价值。如施瓦茨的作品，在形式上前卫而独特，出自其手的景观设计具有强烈的艺术气息。又如明尼阿波利斯市联邦法院大楼前的广场，这座广场于 1998 年建成，设计师将建筑立面上的线条进行延伸，使其与广场平面中央的线条形成视觉上的统一，平面线条的夹角之中分布着大小、角度均不一致的水滴形草丛，并在草丛周围摆放漆成白色并分成数段的粗壮原木作为座椅，与周围以方形建筑为主的环境形成鲜明对比，体现出鲜明的极简主义风格。

外观简洁、形状规则的景观要素一方面能够与自然的视觉要素和外部的环境形成强烈的对比，继而从对比中产生张力，另一方面又与规整的人工建筑形成呼应，反过来突出自然要素在整个空间中的意义与分量，这是极简主义景观设计的巧妙之处。例如，北京工商银行的花园中，沃克将花圃设计成规则的形状，与花园中红色的花木植被产生对比，反而形成一种层次感；又如休斯敦 IBM 公司的净湖，形态规则的水池与宁静的睡莲对比映衬，产生一种别样的美感。

对现代社会和现代建筑的认同和呼应是极简主义景观设计的主调，极简主义在涉及的各个领域熟练地运用工业文明社会常见的各种材料，如钢筋、玻璃、油漆、金属、橡胶，以及各种新材料。它们都是极简主义景观中常见的元素。但极简主义不完全排斥自然材料，但布置的手法与传统的景观设计截然不同，天然材料在极简主义中要服从于整齐严谨的结构秩序。

但不同的极简主义景观表达的关于现代的侧面不同，某些景观蕴含着有关现代的各种复杂想象，某些景观则探寻现代性发展的原动力，有的涉及现代文明背后神秘的自然界。这些景观作品都有着极其古老的思想源泉，这些思想源泉之间也存在着一定的内在联系。例如，秘鲁的纳斯卡线条和英格兰的巨石遗迹，两者都是早期人类标记生存土壤的证明。现代社会的部分景观设计吸收了这些古老遗迹的经验，体现了现代人类与自然环境沟通和产生联系的强烈愿望，沃克从巨石阵和立石群中获得启发，将其手法融入自己对岩石材料的运用中，使这种古老的愿望在人类景观作品中得到一脉相承的体现。除此之外，美国赫尔曼·米勒公司外的草地也是这种古老传统的留存。

极简主义与自然之间存在紧密的联系，这是极简主义设计区别于其他设计思潮的特点之一。这一特点在作品中体现为对时间要素的考量和运用，这是自然世界中显著的变量，能够极大地丰富景观的形态，哈佛大学的唐纳喷泉便是典型的例子。

前文多次提及的沃克是受极简主义设计思潮影响较深，且作品比较具有代表性的当代景观设计师。他从业于美国，有着 40 余年的设计实践经验。沃克对极简主义景观设计的了解和探索始于 20 世纪 60 年代末，其设计作品最显著的特点就是注重构图的秩序，多用规则的几何元素，并以简单的几何形态为景观母题，各部分形成独立系统，但又相互交叉。沃克为纪念美国“9·11”事件而设计了景观广场，在设计中贯穿了具有雕塑纪念性的本质含义。沃克曾为日本的高科技支持中心设计了园林景观，这座园林贴近自然，但又突出极简主义的设计风格。沃克使用大量绿植，将之融入园林的其他要素之中，但土丘等重要景观的形状和排列规整严谨，同类元素的有序排列能够营造壮观的视觉效果，整齐的土丘阵列上种植着葱郁茂盛的树木，宛如纪律俨然的军队，既有自然的趣味，又带有象征意味，能够使人产生敬畏的心理。沃克的设计实践对极简主义景观设计的发展意义重大，也为景观设计提供了一种与绘画、雕塑等传统艺术有区别的独特方式。

景观设计的发展历史离不开极简主义这一独特的思潮和流派。总而言之，极简主义景观设计注重景观的外在形态，主张用简练的视觉元素表达一定的精神内涵，将设计的重点重新拉回空间、时间、光线、材料等最基础的因素中。极简主义景观的特点包括形式工整简洁、具有一定艺术性、与现代城市环境高度融合，以及反映一定的自然趣味。这种设计思潮自有其生命力，但设计者必须形成自身的风格，充分发挥抽象与联想的能力，灵活运用视觉要素，避免极简主义景观设计走向单调、重复和无趣，同时要考虑大众的行为方式，兼顾空间的功能属性，实现极简主义景观设计的新突破。

五、大地艺术景观设计

20 世纪 60 年代，景观设计领域出现了一种受到大地艺术影响的思潮，这种思潮源于一种广袤而原始的艺术，灵感来自美国广阔无垠的沙漠，炽热荒芜的景象反而给大地艺术带来独特的生命力和表现力，使其产生广泛的影响。景观设计吸收了大地艺术的理念和方法，抱有新想法的设计师进行设计实践的探索，逐渐发展出新的流派。大地艺术对自然和景观有不同的认知，影响了景观设计的发展。

（一）大地艺术与景观设计概述

1. 大地艺术与大地艺术景观

理解大地艺术是理解大地艺术景观设计的基础，大地艺术又叫作环境艺术或大地作品，是将整个开阔的大地作为创作载体，设计的作品通常是大尺度、巨型且取材于自然的。这种艺术的产生与 20 世纪六七十年代的全球生态运动有关，艺术作品走出封闭的人造建筑融入开放的自然环境，强调的是人类的创造与自然环境的融合。

大地艺术通过抽象的手法体现人与自然之间相互影响、相互依存的关系，大地艺术景观设计受其启发，也具有这一基本特征，遵循大地艺术的创作理念进行景观设计。

继承大地艺术的思想，将其设计手法和视觉语言运用到现代景观设计中，就产生了大地艺术景观。由于大地艺术景观位于室外和大尺度的特征，这一流派在发展初期完全是艺术性的。无论从艺术的角度还是从景观设计的角度来看，大地艺术景观都与其他艺术门类和设计流派有着显著的区别。这一超越性的差别主要体现在与环境的联系上，不局限在一定的空间内，大地艺术景观往往具有雕塑性质，位于远离逼仄城市的开阔场所。

2. 大地艺术的发展历程概述

大地艺术景观设计深受大地艺术影响，其发展历程也与大地艺术的发展历程密不可分。

第一阶段：20 世纪 60 年代，大地艺术诞生。

20 世纪 60 年代是大地艺术诞生的阶段，早期的大地艺术作品在 60 年代末的展览上得到了较为集中的展示。1968 年 10 月和 1969 年 2 月，纽约的道恩画廊和康奈尔大学的怀特博物馆都举办了以“大地艺术”命名的展览，两次展览均有许多进行大地艺术创作的艺术家参与，较为集中地展示了这一时期的大地艺术创作，可见20 世纪 60 年代末已经出现一部分有代表性的大地艺术创作者，并且积累了相当数量的作品。

第二阶段：20 世纪 60 年代末到 70 年代初，大地艺术的发展期。

经过 20 世纪 60 年代的创作与积淀，大地艺术在 70 年代初迎来初步发展，犹如充满活力的儿童。在这一时期，大地艺术的发展蓬勃兴盛，在艺术领域崭露头角，占据一定的地位。此时大地成了艺术家心目中理想的创作对象，广阔宏大的设计方案在现代建筑机械与工具的帮助下得以成为现实，海岸、高山、沙漠都是大地艺术家青睐的创作场所。这一时期也诞生了不少大地艺术的经典作品，如克里斯托和珍妮·克劳德的《包裹海岸》（1969）、史密森的《螺旋形防波堤》（1970）、德·玛利亚的《闪电原野》（1977）等。当时的艺术家关注着社会发展与环境保护之间难以调和的尖锐矛盾，通过创作表达自身重视生态、人与自然和谐统一的观念，呼吁社会和大众关注自然、保护自然，以此为前提追求人类社会的进步，形成了一定的社会影响，是艺术反映社会状况的产物。

第三阶段：20 世纪 80 年代至 90 年代，大地艺术的成型期及转型期。

经过近 20 年的发展后，大地艺术在 20 世纪八九十年代迎来了成型期与转型期。随着信息产业的迅猛发展，大地艺术在积攒了足够多优秀作品后，也在发生着变化。20 世纪六七十年代大地艺术家喜欢用体积巨大的作品来显示力量，而后来的艺术家开始用大地的载体来思考历史和人的生存状况。在这个时间段里，优秀作品包括德·玛利亚的《五大洲雕塑》（1987—1988）、海泽的《综合体II》（1988）、查尔斯·罗斯的《星轴》（1988—1990）、克里斯托和珍妮·克劳德的《伞》（1984—1991）等。

社会的发展影响着艺术创作，大地艺术与大地艺术景观设计的诞生与发展与当时西方国家的社会环境息息相关。大地艺术一方面包含了当时社会对于留存的早期人类文化的关注，另一方面反映了这一时期的艺术家对环境问题的关心，展现了现代艺术回归自然的倾向。大地艺术作为现代艺术的一个类别，与其他的艺术形式之间也存在联系，并且吸收其长处促进自身发展。

（二）大地艺术景观的设计思想与方法

1. 大地艺术景观的设计思想

（1）生态与艺术相结合的设计思想

因为受到回归自然理念的影响，关注发展与环保的问题，大地艺术景观设计思想最注重的就是现代艺术与自然环境的融合，尊重自然规律，遵循生态系统运作的原则。大地艺术景观设计师反对将景观设计和自然置于对立位置。此外，大地艺术景观设计还受到极简主义的影响，也在一定程度上追求简洁美观的视觉效果。哈格里夫斯是大地艺术景观设计的代表性人物，他的作品既属于大地艺术又体现生态主义，哈格里夫斯在设计时首先通过科学方法对场所进行生态分析，再根据分析结果设计植被的布置形态。例如，他曾根据水流侵蚀河岸的规律分析河道的沟壑系统，以此为基础设计的地形不仅呼应水流，还能减轻侵蚀。

除了广阔的自然区域之外，废弃的工业区域也是大地艺术创作的重要领地。对废旧工厂的创作和改造不仅能够优化区域内的环境，还能够保留工业社会独有的人文景观，体现时代特色。例如，景观设计师哈格尝试以生态学原理作为支撑的软处理技术，完成了对美国西雅图煤气厂的改造。这一改造，也是景观设计对工业废弃进行再利用的先例。这一作品包含对废弃工业区域的改造，美化了曾经的工业废弃地，使工业场所成为体现景观表现力的一部分。

（2）与现代都市景观结合

环保运动虽然直接促成了大地艺术的诞生，但在发展早期，大地艺术也继承了早期人类探索自然、与外界交流的原始意图，表现出宗教性质的神秘。大地艺术兼具建筑和雕塑的特点，位于两者的交点上，具有重要的艺术价值。在现代城市公共空间的景观设计中，风景元素的合理运用能够使城市空间的艺术性与功能性之间的关系得到调和，大地艺术与城市景观设计融合，使得城市出现更多有一定空间尺度的景观区域。部分景观设计师兼具大地艺术家的身份，创造的作品既是景观设计又属艺术作品。例如，在 1991 年被改造成北站广场的巴塞罗那旧火车站，设计师保留了车站入口的斜坡，将其作为广场的重要部分，在广场草地设计了一尊叫作“降落的天空”的犹如巨龙的雕塑，而沙地上的树木呈放射状排列，被称为“树林螺旋”。改造使原本的车站成为一件艺术作品，是典型的大地艺术景观。

（3）体现朴素之美的设计思想

大地艺术景观设计的朴素既来自原材料的天然和质朴，又来自极简主义返璞归真的造型理念。大地艺术的景观设计师善于发现平凡风景和视觉要素的特殊之处，如废旧工厂改造案例中的工业废弃区域和废弃物，在现代城市中，这些元素本来是破败和“丑陋”的，但能通过大地艺术景观的改造凸显其中蕴含的历史价值，显露自身朴素的美感。由于大地艺术设计理念的影响，不少破旧衰落的工业区经大师之手改造成为富有工业时代气息的休闲区域，同时促进了环境问题与经济发展问题的解决。

大地艺术的景观设计师不仅使用自然材料，而且将自然界的种种因素也作为设计的一部分，如日月更替、潮汐涨落、季节轮换，以及流水、风力、光线等动态因素，充分体现人造景观与自然世界的紧密联系，这种源于自然的美的最大特点便是质朴。

2. 大地艺术景观的设计方法

（1）融入简洁而无细节的元素

在大地艺术家的艺术理念中，那些常常出现在人类建筑史中最基本的几何元素已经成为人类集体无意识的一部分，容易引起人的审美共鸣，使人下意识地对这些元素进行阅读。因此，使用基本的几何图形元素并在构图上追求形式的简洁，就成了大地艺术景观设计的重要原则。大地艺术景观往往采用抽象的方式，在有限的视觉元素里融入自身的想法和意图，达到形简意丰的设计效果。这种抽象通常表现为对场所地形的利用，将地形和环境作为设计的出发点，对地形进行处理和改造，通过改变后的地貌形态来表达人文内涵。这种方式不仅能够使景观作品自然地融入周围的环境，而且能够使环境也成为作品内涵的一部分。例如，利用起伏不定的丘陵地形营造神秘的效果。

（2）追求四维的过程体验

在20世纪70年代，美国艺术家德·玛利亚对大地艺术进行概括，认为这是艺术家用泥土与时间进行的创作。德·玛利亚的总结不仅体现出时间与创作材料的关系，而且凸显时间这一维度在大地艺术设计中的地位。1977年，德·玛利亚创作了大地艺术作品《闪电的原野》，他将400多根铁布置在广袤的平原上，在暴风雨来临时，闪电将通过铁杆进入大地，形成奇特的景象，利用的便是特殊的天气条件。此外，出自大师霍德里德之手的作品《时间之岛》也是从特殊条件中获取灵感，作品位于慕尼黑机场附近，是一个音符形状的大型图案，图案中的波纹形似日本园林中枯山水的形态，当飞机起飞与降落时，乘客才能见到作品的全貌。

（3）将雕塑与环境紧密结合

雕塑一直是西方的建筑艺术与景观设计中常用的元素，多作为建筑与公共空间的装饰物出现。大地艺术景观设计师想要突破这一限制，通过新的设计方法改变雕塑与环境之间的关系，创造与传统雕塑不同的新形态，并赋予雕塑在环境中新的内涵。大地艺术景观中的雕塑不像传统雕塑追求写实的艺术效果，而是具有显著的抽象性特征，选择自然材料，使雕塑从空间和时间上融入它所处的环境，最终雕塑也成为景观空间的有机组成部分。如美籍日裔雕塑家野口勇设计的《加州剧院》，就体现出雕塑与环境空间的融合。

（4）采取“无法之法”的极度写实主义

大地艺术景观设计的核心创作观念是，要使人工创作的景观最大限度地保留自然的生态，不破坏环境变化的规律，不影响生态系统的运行，让自然存在于人类的生活场景之中，还原自然之美。所谓“无法之法”就是指大巧不工的设计手段，要使设计的结果看似“无法”。极度的写实主义体现的也是对自然环境和规则的尊重与遵循。在创作中，设计师要跳出固有思维，此时的场景不再是作品的展台，而是作品本身，因此，在取材方面，可以选择场所中原本具有的材料，使人工塑造的部分能更好与环境融合。大地艺术景观的全部内涵应该是景观与场所共同体现的，两者相辅相成地帮助观者理解设计师的创作意图。同时，作品的内涵也要为场所的特征服务，要能够强化观者对场所某些特征的感受，不能改变或破坏场所原本的特征。

第二节 景观设计发展趋势

一、景观设计的发展趋势

（一）文化内涵更加丰富

景观设计受到社会文化思潮的影响，是反映社会状况的一种方式。文化在横向维度和纵向维度都在发生变化，不同的国家、地区、民族有着不同的文化，同一地区和民族在不同时代也具有不同的文化特征。不同文化下人们的思想和对城市景观的诉求有所不同，审美倾向也存在差异。因此，景观设计的种类与流派丰富多样。人类文化的发展离不开继承，景观设计更是要综合考虑多方面的因素。随着人类社会的发展，文化资源越来越丰富，在世界各民族文化交流的过程中新的文化形式不断诞生，景观设计在发展的过程中越来越注重文化因素对景观空间的影响，因此，景观中的文化内涵越来越丰富。

城市是现代人类主要的生活场所，需要自然景观与人文景观来美化空间环境，丰富文化内涵，从而提高城市居民的生活质量，因此必须推动本地文化与景观设计深度融合。

1. 城市景观的美化要有文化特色

城市是功能区域相对密集的场所，景观空间作为城市居民休闲放松的区域，在城市环境中占据重要地位，有助于现代城市的发展。在我国的某些地区，城市景观保护有法规的约束，是城市管理工作的一部分。如泉城济南“青山进城，泉水入户”的生态现状，南京夫子庙繁盛的人文风光，以及北京颐和园“借景西山、因水成景”的巧妙构造。

广东省清远市的市区改造与城市景观建设项目就是将城市景观纳入城市管理范畴的例子。如何保留古韵、突出自身特色是现代城市的景观建设面临的难题，清远市的景观设计与城区的改造结合，不仅要求注重美观，还要求合理规划城市的功能区域，并以经济、适用和美观为原则，广泛借鉴古今中外城市改造和景观设计的先进经验。同时清远市的景观设计要求保留岭南地区传统建筑在形式、色彩等方面的特色，改建、新建一些必要的现代建筑群，开辟城市建筑空间，使城市既充满历史文化气息又颇具现代化城市的气派。

2. 人文景观的内容将不断充实完善

人文景观是指人类所创造的景观，是古代人类社会活动的历史遗迹和现代人类社会活动的产物。通俗而言，将历史景观、自然景物和人工环境，从功能美学上进行合理的保护、开发与改造利用。人文景观主要是通过历史景观、可塑造的自然景观及人工设施景观等元素来反映。人文景观的作用不是孤立存在的，而是融入环境中。

例如，经过十年的规划、改造，广东省清远市的城市景观，尤其是人文景观，是否为现代城市的普通市民所认识和鉴赏，这是城市景观能否在保护的基础上作为资源利用与开发的基础。当人们漫步于住宅小区、城市道路和城市广场时，展现在人们面前的人文景观是变化的，而非静止的。同时，要创造一个舒适而安静的居住环境和优美又富有特色的人文景观，应从整体来考虑。

住宅小区是人们认识城市的主要视觉场所之一。它除了为人们提供舒适、安静的居住环境外，还可提供美好的视觉转换，即营造优美而富有特色的景观氛围，起到引人联想的艺术效果。住宅小区的人文景观建设，应从城市的整体性来考虑，从城市规划的角度认识和分析将来城市的文化价值、经济价值和情感价值。同时，在处理空间和布局的重点上创造独特的风格，须着眼于住宅建筑景观的连续画面，使人文景观以系列、动态的变化呈现出来。此外，创造住宅小区的人文景观还应注意植物景观与灯柱、座椅、亭台楼阁等设施，以及现有建筑物等街市面貌的设计和布置。

街道是穿越城市的运动流线，也是人们认识城市的主要视觉场所之一。城市建筑的连续性常依据街道的连续，同样，各住宅小区、商业区的人文景观建设也离不开街道的连续。因而，对于街道的人文景观建设，除了注意街道的绿化、美化、净化、亮化和城市基础设施的设计与布置外，还应多从节奏、配置、韵律等方面考虑，以便形成连续空间构图，设计出良好的街道景观。

（二）功能的多样化

景观作为与人生活密切相关的事物，首先应满足人们的使用功能。但随着社会经济的发展和城市生活水平的提高，现代景观设计被赋予了更多的功能。

21 世纪的景观设计必然要集使用功能、审美功能、安全保护功能等各种功能于一体。

使用功能指除视觉享受外，使用者融入景观后与景观间产生的有益互动作用，进而让使用者全身心放松，从中受益。从狭义上讲，它主要指景观设计是否能够满足人们在活动场所活动中的需求。景观的使用功能可分为休闲娱乐功能、教育功能等。休闲娱乐功能指在景观设计中注重游戏、娱乐、体育锻炼的设施建设，可使景观与人之间产生互动；教育功能是指在使用者与景观互动中，反馈给使用者有益的教育作用，表现在以知识普及、宣传为主要内容的公园景观上。在景观设计上，应考虑知识性、文化性和人工景观的结合，尽可能使不同类型的景观设计承载不同的使用功能。

所谓审美，简单而言，是指感受、领悟客观事物或现象本身所呈现的美；具体而言，是指人在社会实践过程中与客观事物或现象所发生和建立的一种特殊的表现性关系。在研究景观使用功能时，自然会涉及视觉和情感、自然与人文、动态与静态等审美功能。对场地环境的改善不仅可提升民众参与感，还能激发积极向上的能量，助推场地正能量的流动。

景观的美化功能在景观设计中占有重要位置。审美客体与主题所发生的相互感应和相互转换关系，可以通过意境的表达，给人以美的享受，并陶冶人的情操。这种美化功能不仅呈现在景观的整体布局上，还表现在构成景观审美的每个细节中。例如，植物以其柔和的线条、丰富的色彩等元素给人美的享受。

保护功能主要体现在对自然生态的保护，它能改善气候。一定面积的植物可以对区域的温湿度进行调节，净化空气，减少污染和噪声，保持水土，美化环境，从而改善人居环境质量。

景观的功能构成在许多环境里都不是以单一形式出现的，而是集各种功能于一体，如具有使用功能的景观小品就有可能兼具审美和安全保护的价值。

（三）审美的多元化

在研究景观使用功能时，会自然涉及视觉与情感、自然与人文、动态与静态等审美的多元化体现。景观设计的主要目的是改善或创造能吸引民众前往、驻足并身感愉悦的场地环境，给人以最大程度的精神享受。在审美活动中，作为审美客体的环境与审美主体的人发生接触，迸发出火花，不仅可使人对景观产生新的认识，还能激发人对环境的保护和创造作用。同时，环境也给人以亲切感、认同感、引导感和文化感。

经济的繁荣导致文化的昌盛，这是人类历史的客观发展规律。我国社会经济的发展迈入了一百多年以来的高峰。面对新的全球化经济、文化模式，思想观念的整合与提炼是必然要求。而此过程将会随我国的经济建设而逐渐形成。景观生态审美处在一个多阶段的发展时期，具有明显的中国特色，既包含了农业文明的审美情节，又具备工业文明的极简特点。同时，生态学思想的发展与古老的东方哲学形成了相辅相成的呼应关系，从而使景观生态审美在我国，尤其在经济文化发达的地区，形成了时尚先锋的审美观念，并与新的科技发展形成了高度的和谐。

景观生态审美则是整体综合的审美观念，不以单纯的视觉形式为审美原则，也不以生活生态为主要内容，而是这些诸多要素的集合。其核心内容是提倡生物物种的生活环境和谐，并考虑一定意义上的人性空间，但绝不只是完全以人为本的景观空间，而是宜人生态环境与人性空间的交融、整合。

河北省唐山市南湖公园改造前为采煤沉降区，区内杂草丛生、垃圾遍野、黑水流溢，严重影响了当地的城市环境与形象。1996 年底，唐山市委、市政府本着“变劣势为优势、化腐朽为神奇”的方针，开始实施生态绿化工程，规划将此处建为集游憩、观赏和水上活动于一体的大型综合性生态公园。经过一系列的建设，目前南湖公园已焕发新生，发展成为国家 4A 级景区，成为融自然生态、历史文化和现代文化于一体的大型城市中央生态公园。

（四）艺术与风格的多元化

景观环境系统与整个社会的发展密不可分，它能够反映出社会的各个侧面，起到打造城市形象标志的作用。较之传统的园林，现代城市园林景观所呈现的风格特征更为丰富。传统的中国古典园林、日本式园林、英国自然式园林、法国宫廷式园林等，各自表现出较为强烈的个性化形式特征；在信息交流频繁、思想文化繁荣、艺术风格多元、功能要求复杂的今天，城市景观环境体现出既有内在的逻辑发展轨迹，又有外在的变化多端的特征，显示出与其他门类设计风格变化的一致性。

1. 设计要素的涌现

形式的多样化首先表现为设计要素的日新月异。在当下城市景观设计中，最直观的感受就是出现了多样化的设计要素。设计师们利用比以往任何时期都要多的材料与技术手段，塑造出了多姿多彩的现代城市景观风貌。由于建筑内部空间、室外空间、自然环境空间、园林环境等的相互融合渗透，城市景观系统已成为人们室内活动的室外延伸空间。设计师可以自由地运用光影、色彩、声音、质感等形式要素，结合地形、水体、植物、建筑、景观小品等形体要素，来创造新时代的城市景观。

作为传统自然要素运用的典范，具有“大地雕塑”之称的法国特拉森·拉·维勒迪厄公园是杰出的代表，它也许可以成为最为壮观的台地花园之一。它高踞于特拉森·拉·维勒迪厄山坡上，浑然天成的地貌给人以不经人工雕琢之感，仿佛稍加涂抹便会令其风采尽失。地形、草地、森林、河流等构成了公园中诗般的意境，露天剧场、道路、堤坝等体现了人类与自然的和谐相生。桅杆、风铃、喷泉这些具有当地风情的细节画龙点睛般透出场地的灵气。整体设计巧妙地体现了诗情画意的境界。对各种元素中自然要素的创新运用，同样是景观设计的形式多样性的源泉。

2. 技术的传承与革新

在现代景观设计中，新技术与材料的运用，使得设计师具备了超越传统城市景观效果的基础条件。设计师利用色彩、质感、光影、仿真效果等手段，在现代城市环境中进行新的尝试。例如，美国加利福尼亚州奥兰治县南海岸广场前的环境，由彼得·沃克设计的钢材镶边的水池反衬出塞萨尔·佩利设计的不锈钢大楼的旺盛生机。环形钢材中存留的水体，环形的草皮和铺石，使功能与美感完美结合，这种不同质感的组合极大地强化了人们对环境的印象。美国加利福尼亚州的绿景园是一处烈日炎炎下的凉爽空间，它为职员们提供共享的户外空间，在自然的丛林中安装了雾气喷嘴，雾气定时喷放，受到阳光及微风的影响，雾气变幻多姿。雾气喷嘴还置于圆形的玻璃盖当中，并于底部安装了光源，源于同一处的雾气及光源在夜色中创造出的戏剧般的效果，使得环境犹如剧场布景。

3. 形式与功能的发展

在设计领域，功能与形式的关系，一直是设计师谈论的重点。形式与功能的有机结合也是设计造型的原动力之一，形式多样化的背后往往存在功能需求的因素。例如，美国洛杉矶的迪士尼乐园、好莱坞环球影城等商业性主题景观，其独特的游乐项目的功能需求，使得形式的创造存在许多依据，其夸张的环境形态、合理的流水线系统，明显区别于其他综合性的城市景观。其设计中对视线的安排、人的可达性、使用的便捷程度、不同空间的区分等，都表现出对功能的充分考虑，这些设计思想遵循了形式服从功能需求的现代主义设计原则。

（五）多学科交叉

随着风景园林专业在人居环境发展中逐渐受到重视，其重要性及分量均大幅提高，有必要重新检视其与其他专业的关系和不同专业领域的再整合。在多学科交叉的趋势下，风景园林与相关的学科间的关系越来越密切，与美学、自然生态、地理、地质、森林、园艺、建筑、都市规划设计、建筑、土木、资源管理等学科皆有密切的关系，是一门高度整合的学科。

风景园林专业兼具美学、生态（自然）、社会（人文）及工程（技术）四大专业导向。景观设计涉及科学、艺术、社会及经济等诸多方面的问题，它们密不可分，相辅相成。只有联合多学科共同研究、分工协作，才能保证一个景观整体生态系统的和谐与稳定，创造出具有合理的使用功能、良好的生态效益和经济效益的高质量景观。工作领域内除了要与其他专业领域组成运作团队外，领域内本身也涵盖不同专长团队的协作。因此，领域间或领域内的工作团队的运作练习势必是风景园林专业教育必备的训练之一，尤其与城乡对话、建筑、土木等的跨领域操作训练更为重要。

因此，从风景园林行业未来的发展来看，景观设计需要吸纳本专业之外的人才，景观设计是需要多学科共同合作的项目，这代表着未来景观行业的发展方向，即多学科交叉。这样才能够让风景园林行业得到更多的话语权，以此来扩大风景园林专业的影响力。

（六）多元化的发展格局

作为以景观规划设计为核心的学科专业概念，多元化的发展格局首次于2005年首届国际景观教育大会提出。景观规划设计是研究景观的形成、演变和特性，并以此为依据，保护、创造、管理生存环境的科学。其研究与实践有三大领域：第一，景观资源与保护；第二，景观规划与设计；第三，景观建设与管理。围绕有关地球表层的自然与文化资源保护，以及一切人类户外环境空间的建设，进行科学理性与艺术感性的分析综合，寻求规划、设计、建设所面临问题的解决方案和途径，监理规划设计的实施，并对大地景观进行维护和管理。景观学的总目标是通过景观策划、景观规划、景观设计、景观养护、景观管理等手段，保护利用自然与人文景观资源，创造优美宜人的人类聚居环境。景观学的提出是时代发展对于景观规划设计学科专业扩展的需要，从前的景观学，其核心是景观的规划设计；如今，传统意义上的景观学从理论研究到社会实践已不再限于景观规划与景观设计，而是正在向着景观的资源与保护、景观的建设与管理这两大领域，以及多学科交叉领域扩展。

随着城市化进程的加快和时代进步的趋势，社会意识的多元促进了生活多元化，多重文化的融合催生了景观作为生活载体的呈现。景观设计师应成为推动生活多元化的先行者，必须对社会生活的发展具有敏锐的洞察能力和广阔的视野，需对生活方式有更多的体验和感知。此外，景观设计师另一个重要的任务就是将先行者的追求与生活方式的体验进行分享和传播，定义多元化景观，推崇多元化高品质生活。

当今，风景园林专业作为面向人居环境建设的应用性专业，其社会需求大大提高，其工程实践也发展迅猛。以欧美诸发达国家的实践研究为先导，截至20世纪六七十年代，风景园林专业已形成学科体系定位与专业实践扩展。至20世纪末，以可持续发展为引领，其实践体系业已形成。基于作者总结，风景园林专业总体上可划分为六个层次、十二个方面的实践。

当前和未来风景园林面临的三大社会发展需求是环保与生态化、城市化、游憩与旅游化。与之相应，风景园林实践可概括划分为三大基本领域，即景观资源与保护、景观规划与设计、景观建设与管理，以景观的形态美学、环境生态、心理文化为学科发展的三大核心，以景观的资源保护、规划设计、建设管理为专业建设的三大领域，将是21世纪景观学专业的发展方向。

（七）系统化的科学发展方向

景观设计是一门建立在广泛的自然学科和人文艺术学科基础之上的环境应用学科，其核心任务是协调人与自然的关系。若将风景园林学这一复合系统加以归纳，那就是自然生态环境系统、城市建筑环境系统、人文社会环境系统所构成的，并且跨越了三个环境系统的空间层次关系的学科。景观设计从不同角度研究人类聚居的环境空间艺术，从改善人居环境质量起步，以环境的和谐发展为核心。景观设计强调环境空间的综合体系规划，具体表现在多元系统设计下的互融与综合。

景观设计在景观学的引导下，构成了一个交叉融合的设计系统，它是运用艺术融于景观科学的手段来协调景观形象在环境空间的发展关系问题，并使景观形象达到最佳状态。它融合了园林学、生态学、城市规划学、建筑学、心理学、艺术学等学科的成熟经验，以艺术的视野，从系统、和谐、优美的角度，解决城乡发展过程中的景观形象的创新问题。

1. 综合性系统

宏观层面上的景观实践是建立在经济、旅游、生态等专业的基础上，包括进行大规模的景观生态保护、治理改造、景观资源开发、旅游策划规划等。这类景观实践主要侧重景观前期的策划。核心是协调土地的利用与管理，是在大规模、大尺度上进行景观体系的把握，具体项目有区域控制性规划、城市规划和环境规划等。策划是这一层面的实践主体。景观艺术设计涉及园林设计、建筑设计、城市设计、环境艺术设计、工业造型设计、平面设计，以及生态学、材料学、心理学、民俗学等学科，并将这些知识纳入景观艺术生成的总体设计系统之中。

2. 复合性系统

景观是具有一定规模的环境规划设计，涉及某一地域历史、文化、生态及地方特色整体风貌的较大型景观规划，包括与人类社会、文化相关的内容，以及生态、历史等多学科的应用。规划是这一层面的实践主体。

景观设计是在景观学的引导下所构成的复合设计系统，由于景观艺术设计的综合性特点，常表现出设计内容界定的模糊性、不确定性。其中，包括基于景观空间形态的视觉系统设计，融于区域景观精神的形象系统设计，反映区域文化特征的风格样式系统设计，以及关注人的行为、心理的人文关怀系统设计等。各系统之间相互融合与交叉，共同构建起景观艺术设计的复合设计系统。

3. 多层性系统

景观设计的设计空间呈现为多层性的表述特点，表现在从微观意义层面上的以景观设计为主体到中观意义上的景观规划、宏观意义上的景观策划的多层次与协调。微观层面上的景观实践主要指规模尺度较小，与人们日常生活相关联的景观环境设计，包括城市地形、水体、植被、建筑以及公共艺术品等。设计对象是城市开放空间，包括广场、公园、商业街区、居住区环境、城市绿地及城市滨水地带等。其目的是在满足景观环境功能的基础上，不断改善提高景观的艺术品质，以此丰富人的心理体验和精神要求。设计是这一层面的实践主体。

4. 广泛性系统

景观设计的设计观念呈现出广泛性，《亚太景观》一书在导言中谈到现代景观设计带来的变化：“首先是观念上的，宏观的观念、生态的观念、构成的观念、文脉的观念、民众参与的观念，等等。其次是创作方法上所有这些凝结成现代的、后现代的、结构的、解构的、极简的、高技的设计方法论，为景观设计师提供了广泛的创造可能性。”广泛的设计观念构成了景观艺术设计多元系统设计的哲学基础。

（八）走向未来的新景观设计

景观，犹如散落在夜空的璀璨星辰，装点着人类的环境。它们有的是鬼斧神工的天然生成，有的是精雕细琢的人为创造，焕发出不同的奇光异彩，成为人类共享的艺术珍品。

世界园林景观的发展经历了农业时代、工业时代和后工业时代三个阶段。每阶段都与特定的社会发展需要相适应，都在不断地迎接社会挑战当中开辟专业领地。不同的社会发展阶段，有着不同的园林景观和相关专业，体现不同的服务对象、不同的改造对象、不同的指导思想和理念，当然还有不同的园林景观建筑师。

农业时代（小农经济时代）的社会特点是依靠小农经济养活贵族阶层，园林景观的创造者最终是主人而不是专业园林景观师，因而有“七分主人，三分匠”之说。园林景观师只是艺匠，并无独立的人格，即使是勒·诺特或计成，也只是听命于王公贵族的高级匠人而已。地球上园林景观的空间差异和农业活动对自然的适应结果，导致以再现园林景观美为宗旨的空间差异和不同的审美标准出现，包括西方园林景观的形式美和中国园林景观的诗情画意。但不论差异如何，都是以唯美为特征的，几乎在同一时代出现的圆明园和凡尔赛宫便是典型例子。

在大工业时代（社会化大生产时代），园林景观的作用是为人类创造一个身心再生的环境，园林景观专业的创作对象是公园和休闲绿地，为美而创造，更重要的是为城市居民的身心再生而创造。工业时代在景园专业发展史上的一个重要突破是园林景观职业设计师的出现，其代表人物是美国景观设计之父奥姆斯特德。从此，真正出现了为社会服务的具有独立人格、为生活同时是为事业而创作的职业设计师队伍。自从1900年在哈佛开创园林景观规划设计课程之后，到1909年才出现城市规划课程。并于1923年，城市规划才正式从园林景观规划设计中分离而独立成一个新的专业。

在后工业时代，园林景观的任务则是维系整体人类生态系统。园林景观专业的服务对象不再限于某一群人的身心健康和再生，而是人类作为一个物种的生存和延续，而这又依赖于其他物种的生存和延续，以及多种文化基因的保存。保护自然和其他生命最终是为了维护人类自身的生存。这一时代，园林景观规划的作用是协调者和指挥家，其所服务的对象是人类和其他物种，其所研究和创作的对象是景观综合体，其指导理论是环境的可持续发展理论和人类的生态系统科学（包括人类生态学和景观生态学）。

近几十年来，人口爆炸，生产力飞速发展，人类整体生活水平和物质能量消耗水平成倍提高和增长，环境问题越来越明显。这些症候已使人类认识到其活动对自然环境的破坏已经到了威胁自身发展和后代生存的地步。今天，随着新时代的来临，人类一方面在深刻的反省中重新审视自身与自然的关系，重新谋求建立人文生态与自然生态的平衡关系，以图重建已遭破坏的家园；另一方面，新时代的来临使人们更加需要建立一个融当下社会形态、文化内涵、生活方式于一体，以及面向未来的、更具人性的、多元综合的理想生存环境空间，这是新时代赋予景观设计师的责任。

城镇化的深入，信息与网络技术带来的生活方式的改变，以及全球化趋势，都将提出新的问题和挑战，都将要求重新定义景观设计学科的内涵和外延。可持续发展理论、生态科学、信息技术、现代艺术理论和思潮都将为新的问题和挑战提供新的解决途径和对策。

无论学科如何发展，风景园林学的本质是不变的，即热爱土地与自然的伦理，重视人文的关怀和对待地方文化与历史的尊重，对待脚下土地的敬畏、归属与认同。

二、景观设计发展的现代倾向

在注重环境生态、人居质量、艺术风格、历史文脉和地方特色的今天，景观规划设计具有了更加广阔的学科视野和研究范围。它从人类农耕文明时代的风景园林走出来，成为适应工业文明及后工业文明时代的特殊行业。其特殊性在于交叉学科的广泛运用，除了与艺术、建筑学、规划学、农林学之间的传统关联之外，与生态学、社会学、经济学、旅游学，甚至管理学之间的联系也日益紧密，新的景观规划设计的中心是为整个人居环境服务。随着时代的变化，景观专业针对现存和历史遗留的问题必然会产生新的倾向。以下，就景观规划的几种倾向进行举例说明。

（一）景观的人文化倾向

人文特色是人文景观中的灵魂，但人文特色与自然资源的结合才能体现其最终表现力。景观的自然资源增加了自身的美学欣赏性，而人文资源则增加了它的文化内涵，因此对这类景观的规划设计必须建立在两者的互相依托的基础之上。人文景观的规划设计包括对历史遗产的保护、开发、利用，反映文化主题的景观规划设计，和对历史遗产的改造利用。其中，前者又分为历史保护和历史展示等类型。

1. 考古场地保护与自然景观结合——非洲南部卡拉哈里自然保护区

1925 年，采石工人于非洲南部卡拉哈里沙漠边缘的一处悬崖发现了距今 250 万年的儿童头骨，这是早期人类在此活动的证明，后来又发现了较晚的石器时代遗址。为了保护这些考古场地和早期人类活动遗址，采矿业于 1977 年停止。1985 年，即古人类头骨发现 60 周年时，该地的 1400 公顷土地被辟为自然保护区。

在最初两年中，进行道路、停车场、野餐区、斜坡加固、给水系统等基础建设，并整治地下水源，使沙漠中的地下河露出地面，水坝中的水库可以提供不间断的水源。其后，在 1992 至 1993 年间，进行矿区恢复和野营地建设工程，威特沃特斯兰德大学在此开展长期研究项目，标出有研究价值的地方。

2. 历史展示与自然景观结合——白河公园

1918—1936 年，美国印第安纳州的伊万斯面粉厂和谷物仓建立于白河东岸。这种中西部谷仓景观是 20 世纪美国中西部景观的典型地标。1988 年，公园委员会买下面粉厂，保存了工厂建筑群的管理大楼，建造了纪念印第安纳州历史的白河公园。规划包括重新利用磨坊及其谷仓建筑，安置印第安纳州博物馆。在公园设计中，铺设规则几何形散步场，同时为了防备周期性洪水的来临，在河边草地上建设自然的不规则曲折沟渠。景观规划师抓住地点特色，通过对天然景观及河水的侵蚀、沉积过程，象征印第安纳州从曾经广阔的古代森林到近代农业和现代工业的历史变化过程。

3. 自然景观中赋予文化主题——北京的香山 81 号院

由设计师朱育帆设计的香山 81 号院将景观设计的自然环境、地区特色与情感表达融合在一起，使得该景观设计的情感表达更为准确。在设计中，朱育帆将北京山区特有的景观风格作为主题，在材料上大量体现出乡土风格，并在此基础上增添竹林、引泉等元素，以此营造出山水间的生活氛围。通过这种非传统园林的设计，传达出中国传统的山居精神，并升华出诗意山居的园林设计价值。

4. 历史景观的改造——北京元大都城垣遗址公园的改造

2002 年，由檀馨主持的北京元大都城垣遗址公园的改造，是一种对景观本体价值的挖掘，也是现代景观设计中人文化的一种倾向。设计者立足于尊重历史、保护遗址的观念，同时要满足我国现代文化生活的需要，在改造的过程中，对坍塌的城体进行修复，对周围的部分违章建筑和杂树杂草进行拆除和挖除，以此来保留城体原本的遗址。与此同时，在修复原有遗址的基础上，增添雕塑、壁画等景观设计要素，以此来传达元大都曾经的繁荣昌盛。这种挖掘文化价值，并加以强化渲染，再呈现出来的设计方式，可以起到培养人们的民族自豪感、激发人们的爱国热情的作用。

（二）景观的科技、工业化倾向

随着科技和时代的进步，工业景观发生了很大的改变，早期工业时期的一些重工业场地由于技术更新或场地老化，成为废弃的工业遗址，这些工业遗址代表了一个时代的工业文化景观，具有纪念性。同时，它们又具有某些景观上的观赏性和游乐性，因此，对这些景观的适当改造利用既符合经济学资源再利用的规律，又可以形成城市的新景观类型。同时，城市用地的紧迫不断要求城市绿地景观选址的灵活性，而新的技术使这一要求成为可能，都市景观日益呈现出用地的多元化态势，而与技术直接相关的就是复式景观，即利用屋顶、地下停车场上层地面等。

1. 工业遗迹改造——杜伊斯堡公园

占地 2 平方千米的杜伊斯堡公园在景观物质上和审美上都有很大的突破，其审美上的革新使人们重新认识到公园式样的可能性。

该公园的开发遵循两条基本生态原则。第一条原则是物质的循环概念，既包括将废弃物作为植物生长的环境，如煤仓中的示范花园以煤、矿砂和金属为植物的生长环境，又包括建筑材料的循环使用概念，如废砖聚集起来用以制作红色混凝土等。第二条原则是水的循环，公园原有的受到污染的老废水渠得到很好整治，来自屋面、道路和铺装地面的地表水经由明沟排水渠引入缓流盆和沉淀槽，位于旧熔渣场的风力水筛完成污水的泥沙过滤，水被滤过进入该水渠，渠两岸种以 10 厘米～ 50 厘米高的植被并铺设 2.5 米深的碎石和沙层，以保证自然流入渠内的水得到天然滤筛。

景观设计基于对工业遗存物的保留和美学欣赏，旧铁路路堤被看作一种大地艺术并被处理为绿地。以前，这块地方非常幽闭，公众只能走在铁路路堤下的低地，现在游客可以从铁路路堤上观赏周围景色，产生一种摆脱束缚的感觉。工厂的构筑物以这样一种方式保存：既满足攀爬的安全需要，又任其锈蚀，以保持工业遗物景观的美学价值。工厂铸造区生产生铁的巨大铁盘组合设计成金属广场，共用了 47 块嵌板，每块板面积为 2.5 平方米，重 7.5 吨～ 8.5 吨，放于沙地上。铁盘由压缩空气通过高压管清洗，使已锈蚀的熔铸钢形成冰一样的表面，展现出工业时代的真实历史。

2. 利用工业旧址的景观再设计——伯格公园

伯格公园位于萨尔河旁边装卸煤的船坞旧址，该船坞在第二次世界大战中迅速发展，战后被废弃。未开发前，岛上全是碎石，船坞则一片废墟，南岸是高速公路。景观设计者希望利用这一地方的历史和锈蚀了的工业遗迹来创造景观。方案从 1979 年开始，分四个层次进行设计。第一层次是重建船坞附近的城市道路网络以使公园与城镇连通，填平环绕岛的北部运河以使交通贯穿，依照古老的普鲁士军事勘察地图的道路网络设计，以唤起对小镇 19 世纪历史片段的回忆；第二层次是从碎石山地中平整出一系列公共花园，这些开放空间连接城镇和公园，并促使船坞停泊岛开放；第三层次的工作基于该地现有道路的保存，包括铺地和自然更生的植被；第四层次为工业遗迹的利用，如建筑、煤仓、电车轨，甚至停泊在河中的驳船等。此外，公园中包括很多小花园，其中休憩园由挖空的矿山建成，如同陨石坑的形式，以创造安静的、有围合感的花园，种植果树、花，设计戏水活动场和露天剧场，增添了公园的实用性与观赏性。

3. 复式景观——婺源复式江南古街

位于江西省上饶市婺源县的复式江南古街是我国复式景观设计的代表性作品。

婺源奇险秀丽的山峰和蜿蜒清碧的河水孕育了源远流长的徽派文化。为了使传统徽派建筑不淹没于千篇一律的现代城市景观中，婺源县根据当地的环境特征，遵循“因地制宜、因宜制奇、因奇制趣、以趣制胜”的设计理念，建设起风光旖旎、古韵盎然的“徽派建筑大观园”。

设计者根据婺源当地的地理资源，开凿与西侧自然水系呼应的人工河道，使蜿蜒流水成为古街造景的重点，融自然山水于街道景观中。根据水乡民居门前为街、门后为塘的建筑特点，设计师借鉴古典园林中复式回廊的设计方法，在古街中设计出具有落差的复式街道。婺源江南古街中的街道有“上上下下”之分，人工河道为复式街道的设计提供了条件，下街亲水，设有店铺，上街则位于较高的地面。这种复式设计既保留了徽派建筑的古韵，又丰富了街道景观的层次，在传承古典建筑的同时富有奇趣。

4. 复式景观——日本埼玉县的空中树林广场

位于日本埼玉县的空中树林广场是一个结合科技和艺术的景观作品。景观观念的核心在于创造性地应用技术来移植和再生自然。

埼玉广场和新活动场地是埼玉新中心区主要的核心空间。新中心区将分散原来集中于东京的部分交通与政府职能，同时为城镇及县内居民提供环境优美、高度自足的城市服务区。埼玉空中树林是一个大型装配式花园，它基于这样一种理念，即按自然规律并充满隐喻地将大地上一块自然景观移植到城市基础建设网络的中心。若没有这片空中的自然景观，城市将与“自然作为生命表达方式”的日本传统文化根源完全断裂开来。

空中树林广场由街道层和8.2米高的广场层组成，规划设计了200多株树，以形成“飘浮”在空中的树林，它们种植于中心广场花园的巨大土质层厚板上。土层的边缘套以特殊强化的玻璃，可以透视到独特的种植体系。该项目中应用了复杂的高级生态程序，使用溶液栽培技术来促进城市树木的生长和排水，同时可以减少树木疾病。为防止土中根系从侧面露出，广场上的“金属土地表层”形成遮蔽土地的技术性隔膜。树干从几何形装配不锈钢铺板地面下生长出来，与支撑广场的网络构筑柱列相呼应。为活跃和亮化空间，灯按对角线方向布置于地表下。在整个广场区域，附加的功能性增添了视觉上的动感，并为城市提供了活动场地。坡道、台阶、升降梯、手扶梯将街道与广场连接起来，最引人注目的是一组阶梯状玻璃跌落流水。

新技术将传统的树支撑在半空中，成为对照于现代社会与历史文脉关系的一种视觉隐喻，新与旧联合产生的复杂性在设计中分层反映出来，并成为构成场所精神的基础。

（三）景观的生态化倾向

由于工业化进程造成的环境破坏，以及人口剧增与自然资源紧缺之间的矛盾，使人们认识到良好生态环境的重要意义。人类是整个地球生态系统的一部分，其自身的发展离不开环境的支撑，盲目的工业化造成的巨大资源浪费和环境污染已经给人类带来巨大苦果。由于认识到良好的生态是一切景观及人类生活的基础，人类对景观关注的重点重新回到生态环境的治理方面。一方面，对受到环境污染威胁的区域进行生态整治，恢复自然生态，并寻求区域内的景观与人类聚居活动的新发展，同时利用生态方式改造废料填埋场等场所，减少甚至杜绝人类对环境的破坏；另一方面，对脆弱的环境区域进行保护，利用科学研究成果和技术帮助自然界达到自身平衡的成熟阶段，同时可以有计划地利用和开发生态环境资源，用于教育、旅游等，从而在经济运作和管理运作上形成完善的体系。

1. 生态保护——浙江黄岩永宁公园

坐落于浙江黄岩的永宁公园是一个基于河流生态保护理念进行的景观设计，设计师俞孔坚结合景观设计学、景观生态学与城市规划等理论，对景观设计中的生态保护进行了探索，并将其构思运用到永宁公园的设计中。通过保护河流的原始形态、停止修建河渠项目、营造河内的湿地系统、保护园内周边的乡土植物等一系列措施，永宁公园的设计使公园的河岸保持原始的自然形态，园内的自然湿地系统也得到了恢复。同时通过河堤的修建，来实现防洪滞洪功能。此外，在园内的部分地段设置了基础设施，方便居民进行观赏与享受。

2. 生态修复——上海世博公园

上海世博公园是基于生态修复目的的景观设计的一个经典范例。设计师通过一系列的措施，尽量地恢复工业用地带来的环境破坏，利用工业遗产进行再创造。在具体设计中，通过恢复原有的沿江水泥护岸和码头的自然植被、营造梯田、增加灌溉技术等措施，实现公园的生态化修复。此外，为了满足世博公园的用水需求，设计者还设计了一个可循环的水系统生态模式，同时利用人工湿地来实现进行污水净化的处理。这一设计极大程度地维系了生态自然的平衡。

3. 生态重塑——天津桥园公园

天津的桥园公园是生态重塑理念较为经典的一个案例。该公园的设计在使生态环境得到保护的同时，也兼具实用性与艺术性。设计者在重塑该公园时，首先对公园中的高堤、鱼塘及植被进行了保留，再通过竖向设计的方式，使公园内形成高低不一、具有收集雨水功能的水泡。这些不同深浅的水泡，最终会成为具备不同盐碱成分的生态环境，使得不同植物群落都能得到最适宜的生长。这一设计使天津桥园公园原本的环境衰败、污染严重、酸碱失衡等问题得到了极大的改善。设计者在保留生态性的基础上还引入了休息的场所与行走通道，使游人、居民具有近距离观赏景观的机会。

（四）景观的艺术化与个性化倾向

景观作为与人生活密切相关的事物，事实上已经成为一种生活方式，一种表达人类理想和个性生活的方式。景观的艺术化表现在很多方面：特殊艺术气氛的创造，如神秘感、童话气氛等；将观赏、休闲、参与结合在一起的立体化景观空间；结合平面拼贴的艺术形式创造的景观空间，充分发挥游戏景观的自由想象；具有开放式结局的参与性景观；创造特殊情调和反映地方特色，表达某种深刻寓意的景观作品等。

1. 具有特殊气氛的路易斯安那湖滨花园

路易斯安那湖滨花园位于路易斯安那艺术博物馆公园内的胡姆勒拜克湖边，该湖在拿破仑时代的战争中为了停泊军舰而扩大并与海相通。19 世纪，这些防御工事失去用处，港口成为林间湖泊。设计者希望保持植物的荒野感和神秘的、不被打扰的森林气氛。因此经过三年的整治，一些树被砍去，代之以自然的方式补种新的树，清理湖边并加上围栏保证安全。花园中植物种类很多，有柳树、山毛榉、毛核木、欧洲蕨、忍冬、蛇麻草、常春藤、草类、竹子和杜鹃等。

位于罗马北部的博马佐怪兽公园的奇异风格对此花园的设计影响很大，那里有放置在山坡上的怪异的巨人头雕刻。景观建筑师和大地艺术家合作，设计了奇妙的桥和“鸟巢”，以及洞穴、凉亭、修剪成形的植物。从1978 年遗存下来的“歌剧小屋”是由艺术家用一个大木船的船头做成的。这一设计创造了符合儿童审美的特殊的童话气氛，是一个使孩子们忘我玩耍的地方。

2. 具有开放式结局的参与性景观——克若姆宏特公园

克若姆宏特公园临近提尔伯格市中心，曾是军事阅兵场。1991 年，B+B 事务所受委托将其改建为公园。场地为长方形，周围树木排列成行。设计者以重复的长方形为母题。长方形外边缘设计为运动和游戏活动场地，以及 3 个闭合的儿童游乐场。公园内长方形的设计令人惊奇，长方形的下沉空间内的湖泊，由一条堤道和几座桥通往湖中不规则曲线的小岛上。常绿的竹林和石楠属植物带围合下沉区域和湖，在空间上又形成一个长方形。从湖心向外，有放射状的四条道路：水之路、攀爬之路、桥之路和艺术之路。每条路线上都有游戏设施，道路分别连接公园各处建筑。水之路由透空钢隔板铺成，在水面上曲折蜿蜒，水波透过透空钢隔板闪闪发光。一米高的惊愕喷泉不时从隔板下喷出，步道通往邻接湖心小岛的堤道。攀爬之路从蓝色砖墙上的小圆月门开始，用绳网拴起来的吊桥摇摇晃晃，使游人只能小心翼翼地攀爬过河。桥之路由纤细的一米间隔的钢架支撑越过岛和水面的桥，给人以轻盈的感觉。艺术之路中白色的箭头形状嵌在深色混凝土路面中，指向小岛。该设计具有适宜游戏和休憩的开放式格局。

3. 具有地方特色的阿亚拉三角地带

菲律宾的阿亚拉三角地带位于菲律宾马尼拉金融区的中心，由SOM建筑事务所及里恩德若·V. 劳森建筑合作事务所负责建筑设计，由皮特·沃克及威廉·约翰逊合作完成景观设计。规划范围内需保留旧马尼拉机场的跑道形式，并包括三个结实高耸的工作塔楼、新建的菲律宾股票交易所、文化中心及大型公园。规则形花园环绕机场建筑，具有菲律宾殖民时代的风格特色。三条构成三角的街道成为边界，热带雨林树木为整个街道及宽阔的人行道覆盖上连续不断的华盖。景观体系提供了阴影、水和强烈的视觉效果以应对该地区酷热的天气。该项目的核心“棕榈树巨室”，象征着菲律宾政府现行的民主形式，在其中以六米的网格间距种植棕榈树，并布置反光的水池和碎石小路。与规则形式的棕榈树园网格相对照，丛林园的道路不规则且园中枝叶繁茂。作为设计的有机组成部分，其道路蜿蜒如蛇，空间随机灵活。该花园为当地鸟类提供栖息之所，为居民和旅游者创造了亲切、分散、充满奇花异草的空间。阿亚拉三角地带的环境设计为人们提供了散步和聊天的路边阶梯，使人们了解到由马尼拉生动的街市生活组成的形形色色的社会文化。

第三章 景观设计的思维与形式表达

按照常规的理解，景观设计涉及的思维方法包括逻辑思维（运筹分析、综合、推理、演绎等各种逻辑方法）与形象思维（运用体验、经验及灵感等直接对感觉信息进行处理），从而区别于以逻辑思维为主的工程设计及以形象思维为主的艺术创作。景观设计除了要采用一定的思维方法，遵循一定的设计原则，按照一定的流程外，还需要采用一定的形式进行表达。本章即围绕此展开分析。

第一节 景观设计的创作思维

一、人的思维的发展过程与类型

人类的个体思维经过漫长的岁月，逐级进阶演进，由稚嫩的阶段发展到目前相对成熟的阶段。根据发展的深度和复杂度的不同，可以将人类的个体思维划分为五个阶段，分别是言语前思维、直觉行动思维、具体形象思维、形式逻辑思维和辩证逻辑思维。思维发展的各阶段是由简单到复杂，由低级到高级，由具象到抽象，螺旋式上升、波浪式前进的过程，见表 3-1所列。

表 3-1 人的思维的发展过程及特点

思维的各阶段	思维特点
言语前思维	认识到事物之间的简单联系，并能做出相应的动作反应，思维开始萌芽
直觉行动思维	通过直接感知实物，在实际动作过程中展开思维活动
具体形象思维	个体进行思维活动的支柱是表象，借助于表象，展开联想和想象活动，头脑中积累的表象越丰富、越生动，则想象和思维越活跃。突出特点是具体性和形象性
形式逻辑思维	个体进行思维活动的支柱是概念，通过分析、综合、比较、抽象、概括的思维过程获得概念。借助于概念，对概念和概念之间的联系，进行逻辑的判断和推理。特点是反映客观现实相对稳定的方面
辩证逻辑思维	思维活动的支柱是辩证概念。个体借助于辩证概念的支持，按照辩证逻辑思维的规律展开思维活动。特点是反映客观现实的不断变化的方面

可见，在主体不断完善自身的学识后，思维的广度和深度都逐渐加强，且通过思维的多向运作，思维也可以变得越来越复杂与体系化。对于一个项目的把握，不同尺度的场地规模对于设计思维要求的复杂程度也各不相同。如小尺度的景观设计，由于涉及的条件、场地、要求等相对简单，其设计思维趋向于简单；而对于中、大尺度的景观设计和复杂的大型工程来说，设计思维必须具备相应的复杂程度和周密程度，且在过程中还需要有积极的识变、应变、求变等精神。如此，对于创造性的设计来说，思维才能真正达到凌驾于方法之上，为设计开辟一

条独特的创造之路。而当真正开始设计时，构思与方法都可以通过相应的思维类型来获取。这一类型可能是常规的，也可能是反常的，即所谓正向思维与逆向思维。常规的设计思维有多种分类形式，理性与感性、抽象与直观是最常见的分类。根据分析角度和所属学科特性的不同，思维类型分类也各不相同，具体类型详见表 3-2 所列。

表 3-2 思维的类型

分析角度	思维类型
表述的角度	形象思维、逻辑思维
哲学的角度	具体思维、抽象思维
认识的角度	抽象思维、形象思维、知觉思维、灵感思维
主动性、创造性角度	习惯性思维、创造性思维
常理性角度	正常思维、反常思维
进程角度	循常思维、顿发思维
方位角度	纵向思维、横向思维
目标角度	发散思维、收敛思维
过程角度	显思维、潜思维
维度角度	单向思维、多项思维
变化角度	动态思维、静态思维
数量角度	个体思维、群体思维

针对不同领域的设计，所需具备的创作思维也有所差异。以建筑设计与艺术创作为例，建筑设计的设计行为是受到思维活动支配的。从设计伊始，设计师就要对名目繁多的与设计有关的因素，如建造目的、空间要求、环境特征、物质条件等分门别类地进行考察，找出其中的相互关系及各自对设计的规定，并采取一定的方法和手段，用设计语言将诸多因素表述为统一的有机整体。这种思维过程有极强的逻辑性，可以概括为从部分（因素）到整体（结果）的过程，这就是设计方法所应遵循的特定思维程序。在这种思维程序中，部分与整体的关系表现为

部分是整体的基本内容，隶属于整体之中；整体是部分发展和组合的结果。就采取的手段或方法而言，它们更多是依赖思维器官（大脑）储存的大量信息和经验知识，按一定结构形式进行各种信息交流的思维方法。即使在现代科学高度发展的今天，在计算机辅助设计日趋普及的前景下，也没有别的手段能够替代。

而艺术创作运用的艺术思维是形象思维的最高层次，是以艺术创作为目的的自觉形象思维。从有意识的艺术观察开始，经过艺术想象、虚构直到艺术表现，完整的艺术思维的每个心理环节都是紧紧围绕创作的最终目的——塑造艺术形象、产生艺术作品而有序地上演。

无论是前者还是后者，对于思维的运用都是设计作品产生的必经之路，道路选择得正确、完善与否都将关系到设计作品质量的高低。在设计与创作筹备阶段，花一些时间研究设计的思维模式是十分必要的。设计师不仅可获得事半功倍的成效递增，而且有可能取得翻天覆地、脱胎换骨的革新。因此，思维才是决定性的根源，而不是方法本身。

二、设计的思维模式

西方人偏重逻辑思维、理性思维，而中国人偏重抽象思维、感性思维。这样的差异造就了西方人“重物”“唯我独尊”的思维方式和中国人“重情”“家国天下”的思维方式。

作为世界上唯一没有中断的文明，中华文化五千年来生生不息。受儒家思想、佛教文化和道教文化的深远影响，形成了“儒家治世、佛教治心、道教治身”的特点，呈现出注重道德力量与个人修养，注重与他人自然和谐相处，追求精神超脱，孕育出以“仁”和“孝”为社会架构的核心。西方文化，其思想基础源于欧洲文艺复兴时的人本主义思想，源头则是古希腊－罗马文化。由于受基督教的深远影响，造就其更看重个人的自由和权利，注重对自然的探索和求证，富于冒险，侧重从物质层面考量生命的本源，逐步在社会组织中形成以“权利和法制”为社会架构的内核。①

通过上述比对，不难理解中西方古典园林为何会有如此大的差异。当先辈们醉心于摹移山水、叠山理水、寄情于景并自得其乐时，西方学者已然开始将景观设计的视野放到更广阔的领域并积极开拓。从一定程度而言，思维模式制约了设计的产生，限定了形态的外观，甚至会规定一些景观的具体样式。

① 白庆祥、李宇红：《文化创意学》，北京：中国经济出版社，2010，第51页。

（一）线性与跳跃

线性思维是指按照正常的思维方式循序渐进、一以贯之的设计思维，通常是经常性、惯性的思维过程。与它相对应的就是跳跃思维，即非线性思维。当线性思维走入一种僵硬的模式，且无益于创造性时，跳跃思维可以跨越一些阶段或环节，将思维引入新的机制中，抑或更少地限制，从多方向发散，寻求不同方向的答案。若大多数设计仍步线性思维方式的后尘，可能会导致两面性的存在：一是设计按照线性思路易于推进与成形，二是思维的钝化导致缺乏创新和亮点。对于当前景观设计平庸化的批判，也许线性思维模式就是直接原因，但是设计师们仍然希望在事物得以正常进行的状态下，保持思维的灵活性和辩证性，看到对创新设计的探索和思考。跳跃思维作为线性思维的弥补，不仅可以规避思想的固化，还可以提出富有新意的想象和创新点。

（二）顺向与逆向

逆向思维是设计思维的创新手段，它通常是针对惯性的顺向思维来反向思考，也是带有质疑性的思维。当创作者在设计过程中百思不得其解的时候，敢于“反其道而思之”，对于一些司空见惯、已成事实或定论的观点逆向思考，如从事物的过程、结果、条件和位置等的相反方向进行思考，常会茅塞顿开，收到意想不到的结果，一般具有批判性和新颖性等特点。当见惯了中式亭子时，思维中对于亭子的形态仅局限于具备柱子与顶盖等特征；而当面对利用参数化手段建造的亭子时，它的形态特征与传统惯性思维中的形式大相径庭。顺向思维能有助于掌握设计的基本步骤和流程，也在一定程度上限制了思维的模式。逆向思维作为创新思维的一种基本方法，具有明显的“有无相生、难易相成、长短相较”等思辨色彩，带有批判精神的挑战，从反向进行推断，运用逻辑推理去寻找新的方案，也许是新的机遇。

（三）转换与位移

常规的思维可以通过对性质的转换加以打破，即不相信事物的特点只有单一的解释和常规的定义。思维的认识呈现出对事物性质进行自觉转换的特性。思维转换中最重要的一个字是“转”，即从一个角度转向另外一个角度，需要转变、转动、转弯、转移等。转换角度思考问题，跳出“不识庐山真面目，只缘身在此山中”的限制，困难的问题也可迎刃而解。思维转换能力的形成并不是一蹴而就的，需要通过适当的方法去训练。而位移思维则是指超出自我的局限，站在对象或事物的位置来考虑问题。针对不同的消费对象和受众群体，明晰其需求及对于问题的看法或观点，这可以作为重要的设计依据。

（四）发散和整合

发散是指思维朝不同的角度与方向扩散，是由美国心理学家吉尔福特在1950年的一次关于创造力的讲演中提出来的。发散的重要意义在于能够从多角度、多方面、多领域思考，提出更多的解决方案和设想，以及更多的创意和构思。而整合则是通过以建设性的方式将不同的领域、不同的思维方式和不同的观点，通过分析比较与融合，从中获取汇集两方或多方优势的解决方案，形成一个新的、更完善的思维模式。发散的思维呈现出独创性、灵活性、变通性、流畅性的特点，可以从功能、结构、形态、方法、组合等方面展开。整合要求具备全局性思维，需要个体或团队具备多方面的素质和条件，进而可以更好挖掘事物或问题本质，提出更具有前瞻性、战略性和更优化的解决方案。

（五）立体和复合

立体和复合的思维方式是指跳出点、线、面此类单一平面的限制，驰骋于整体空间的思维模式。由于客观事物普遍都是有机统一的整体性系统，具有多成分、多层次的特点。立体思维方式的关键是确立思维对象之后，需要从客观属性中全面、综合、整体地思考，是指在一定的时间与空间内，将整体性事物内在的各个要素以及它们之间错综复杂的关系网清晰地呈现出来。复合思维是一种跨领域、跨系统、跨时空的独特的思考模式，是人们认识事物和分析问题的科学的思维方式。它区别于单向思维、局部思维，强调思维的复合性和整体性，注重各方面因素的协调和整体的放大效应，提供的是系统地、全局地、战略地思考解决问题的方法。立体和复合思维集线型思维和平面型思维的优点和长处于一身，拓宽了思维活动的范围。

（六）分析与综合

设计过程有分析、综合和评价三个阶段，主张该模式的学者认为真正理性和客观的设计方法应该体现一切从零开始的原则，一方面坚决摒除经验和主观因素，另一方面采取严格的分析方法和评价方法。分析与综合的思维模式体现了对理性、客观性的重视。在复杂的公众项目综合设计中，对于形态的考量需要纳入分析与综合的思维中，接受理性的制约，根据客观实际需要，在理性的分析和综合的基础上，实现艺术性与创造性的最大化创作与构思。南京火车站站前广场的形态更多是基于各方面因素的综合考虑，极少的景观元素与空旷的广场是在客观理性基础上的一种抉择。

（七）假设与验证

一个人提出新想法，该想法是如何产生的，这是心理学问题，而如何检验这个新想法却是逻辑学问题。假设与验证模式和分析与综合模式的主要区别是前者明确了设计的实质就是提出想法，但它仍然没有和具体事物的形态发生关系。根据现代认知心理学对人类思维活动的研究，可将景观形态的生成过程视为对设计原材料的信息加工处理过程，并由此归纳出形态生成的过程模型，即形态的生成经历了建构、赋形和具体化三个思维发展阶段，以及贯穿于整个过程中起联结转换作用的假设与验证的交流机制。

三、景观设计的思维运用

（一）从感性思维出发的景观设计

亚里士多德是柏拉图最著名的学生。亚里士多德认为，人有某种神秘的精神力量，这与灵性的存在有关。他认为，对所有生命而言，灵性是最为至关重要的一种力量，是它滋养了生命的生长与繁衍。敏锐的灵性感受到了情绪、感觉，以及记忆的存在。当“理性的灵性”开始思考、判断和推理时，这就是思想。

认识源于客观存在，存在又决定了人们的意识。感性思维的职能就是现象认识。现象需要通过感性思维才能成为现象认识，才能形成信息情报、事实资料。感性思维所认识的只是客观事物表面现象，即声、光等媒介物传递到感官在人脑中的映象，并非客观事物本身。也可以说，日常中所见到的只是事物外表或片段。具有共同形状的物体有许多种，如方形形态的物体就有多种，带有随机性。因此，虽然人们的认识起源于客观存在，但认识只是其表面，这是感性思维或者现象认识之缺陷所在。感性思维与现象是从主客观不同角度来描述认识的最初阶段。

感性思维是认识的最初阶段，一般认为，人们对客观世界的认识是由感性上升到理性的。而这里提出的“感性思维建构”的观点，就是从人的认识本源出发，捕捉最初的、最直接的、最易于识别的、最单纯的一种视觉印象。这种说法有些近似中国古代先哲的某些观点，即回到本源去观察世界，去认知世界，去改造世界。

常规的认识往往将感性思维划归为一种相对虚无缥缈的状态。对于设计来说，尤其是介乎技术与艺术之间的风景园林专业或景观专业，在初始阶段，感性思维似乎应该是被排斥的，或者至少不应该作为设计的出发点。在这里不必强调感性的重要性，不必争论孰是孰非，仅仅是探寻一种从感性出发的，本能与直觉的设计方法。

若说理性思维是为了使设计具有科学的佐证与功能的依据，感性思维则是从人的认识本源出发，捕捉最初的、最直接的、最单纯的一种具象认知。

景观设计中基于视觉部分的形态，不可否认，富于艺术特征的设计形态是复杂的感性心理活动的结果，而不会初始于理性心理活动。

感性与理性思维并不存在孰是孰非的对立问题，不同的切入点会产生不同的效应。设计师应学会如何在适当的阶段与适宜的方面运用不同的思维，使之获得问题的解决与创造性的发挥。对于景观形态的建构，感性思维应该转化世俗认识中对其虚无缥缈的定位，在设计之始就努力做出更多的创造。

基于感性思维出发的景观案例并不少见，如枡野俊明的作品——金属材料技术研究所的中庭——“风磨白练的庭”。它就是在日本庭园传统艺术与手法的基础上，表达出自然、感性形态与气质的作品。通过不同尺度规格的置石，表达坚韧不拔的进取精神，用洁白的置石寓意专一和全身心的投入。无论在平面构图，还是在细部处理上，都有感性、自由的艺术性特征。

感性设计可以为城市注入活力因子，比如美国明尼阿波利斯联邦法院广场的设计。玛莎·施瓦茨的设计灵感，受明尼苏达州典型的冰丘地形及印第安人史前时代在密西西比河东岸建造的土丘的启迪。她在广场上创作出一道别具一格的风景。广场上的绿色山丘与建筑中心轴线呈 30° 角，为路人提供跳跃的视觉感受。土丘和原木代表了明尼阿波利斯的文化和自然史，通过二次创造和运用，在象征自然景观的同时，又实现了人类主观能动性的展示。那些山丘试图唤起人们对地质和文化形态的回忆，也暗示了冰河时代的山丘。感性思维元素的引入为有限的空间创造了无限联想的可能。

（二）从理性思维出发的景观设计

“思想是什么？”许多伟大的先哲都曾经努力回答过这个问题。柏拉图认为，思想是人的一种天赋能力。它独立于作为物质存在的人的躯体。人的感官，如视觉、触觉和听觉，常会欺骗自己。只有通过理性，才可能获得对事物的真正理解和认识。理性是思想的根本。

对于柏拉图而言，理性是一种工具，它的意义在于帮助人类将感觉和经验融合，对事物进行综合分析，归纳过程中的素材，从而有助于理解周围的世界。理性是西方传统哲学的主要精神。它源于古希腊哲学，直接孕育于苏格拉底哲学的“本原论”之中。毕达哥拉斯把“数”看作宇宙本原，开辟了一条由抽象原则说明感性经验的理性之路。理性思维的职能是通过表象客观认识事物的本质，从理性角度建构景观的思维就具有了客观与事实的特征。

在设计构思之初，到底是选择理性还是感性的思考方式，并没有标准或固定的解题方式。不过需要明确的是，在很多客观情况下，以理性的思维方式来进行设计思考具有一定的必然性。

理性的思维并不是排斥或否认感性与创造性的思维。设计创意应该首先通过理性选择的筛查和检查，而不仅仅是所谓设计者个人的灵感爆发。理性的思维更易于为最终的设计评价提供参数化的评判标准，增加景观审批和管理的透明度，最大限度地减少决策的盲目性、随意性，减少失误。

作为理性设计，人们通常都会想到比较常规的几何图形、规矩的图案、秩序的排列等。虽然只有简单的几何样式，但经过不同的叠加组合也会产生不同的视觉效果。日本设计师藤本壮介设计的蛇形画廊就是典型案例，设计运用生硬的几何网格，却创建出了一个柔和通透的建筑氛围。组成亭子的构件是无数白色钢柱，层层叠叠，蜿蜒迂回。

澳大利亚的帕丁顿水库花园项目保留了场地原有的钢筋混凝土柱础、木柱、红砖及金属的组合拱。虽然这样的呈现非常简单与古朴，但当将它作为空间，而非功能性房间进行体验的时候，它的空间便产生出巨大的魅力。遗址公园的设计让这种魅力得以保存，并将原始结构构造隐约呈现。建筑师还很好地利用了标高的关系，用坡道及楼梯两种方式处理高差，将游人引到地标高处，使地标高处的院子给人一种易接近的感觉，提高了遗址层的公共感及可达性。遗址层上的花园边界无高大遮挡，在直接向城市展示的同时，也进一步提高了遗址层的公共感及开放性。

洛杉矶国际机场入口标志塔设计时采用了动力学的灯光装置，纳入了多个大型的半透明玻璃塔，一座塔楼延伸至世纪大道，15 座塔位于洛杉矶国际机场的交叉入口，所有塔均可同步运用计算机来调试照明，具有很强的导向性和指引性。理性的设计往往会更直观地解决人们的实际问题。

第二节　景观设计的思维方法

在景观设计中，无论场地尺度大小，还是功能诉求多少，设计都是一个由浅易到深入、由粗略到细腻的逐渐完善的过程。设计者在接触项目时，需要通过场地调研，充分了解掌握场地的自然环境和文化环境，并根据设计要求与设计意图对相关内容进行分析和概括，进而为场地量身定制合理方案，完成整个设计。总体而言，根据流程先后顺序可以划分为五个阶段，分别为场地调研、立意构思、功能图解、形式构成、空间设计。因场地调研更侧重结合实际情况进行分析，故不做重点阐述。

一、立意构思

（一）抽象的哲学性立意

哲学性立意是指通过以不同的物理形式设计、传递或表达场所的本源特征、基本宗旨和特点，赋予了场所独有的精神，进而促使场地的景观设计彰显出超出美学价值和实用功能之外的特殊意义。

若设计根植于强有力的哲学性立意，将使得使用者感受到场所氛围、景观表达的感情，对场所产生强烈的认同感或归属感，唤起人们的精神共鸣。设计师需要做的便是敏锐地发现、充分地挖掘、深入地揭示这种精神特征，合理巧妙地将其融入场地的景观设计形式与使用中。

抽象的哲学性立意源于生活中的方方面面。以中国古典园林为例，受哲学思想的影响，运用造景艺术营造出如诗如画般的意境空间；从自然风景和绘画中汲取灵感，利用具有象征意义的手法来呈现景观空间魅力；从历史文脉入手，创造出具有浓厚民族风格的建筑物形象；等等。

1. 从民俗文化中汲取灵感

我国在漫长的历史发展中，形成了丰富的文化（包括文学作品与民间风俗），这些文化凝结起来就形成了璀璨的中华民族传统文化。可以说，我国古代形成的各种文化是当今景观设计的灵感源泉，设计师在进行景观设计的时候，可以从丰富的中华民族传统文化中汲取一定的灵感。

例如，中国传统文化符号有很多种：有传统的吉祥物，如青龙、白虎、朱雀、玄武、貔貅、蝙蝠、仙鹤等；有民族特色图案，如如意纹、夔纹、祥云纹、宝相花纹等；有吉祥文字，如福、禄、寿、喜等。这些都可以被运用到景观设计中。

2. 运用历史文化脉络设计

每个城市都具有自身的历史与发展脉络，抓住城市的历史文化脉络，并将其用于景观设计中，有助于设计者创造出具有独特魅力和美学价值的景观作品。要使历史文脉在景观设计中得到最大程度的利用，就需要对当地城市的地方文化进行深入的了解，具备足够的历史知识，从而为设计的展开奠定坚实的理论基础。以杭州南宋御街的活字印刷艺术小品为例，该景观通过对我国四大发明中的活字印刷术进行应用，成为一道独特又具有文化魅力的风景，不仅传承了杭州城的历史文脉，还彰显了独特的文化气息。除此之外，所在城市的历史文化脉络，在历史典故、历史符号等方面都可以成为设计者展开景观设计时可利用的元素。这种设计不仅可以在视觉上给人全新的感受，还会使人产生心理上的联想，塑造出一种艺术境界。

3. 运用象征隐喻手法设计

在我国古代，许多事物都具有一定的象征性。比如爆竹、红烛、红纸等在民间就是一种吉祥的象征，人们普遍认为这些带有红色元素的物品可以起到驱赶邪祟的作用，进而使疾病、鬼魂等不祥之物无法靠近。

例如，上海世博会中国馆在色彩上采用了中国红，在形态上采用中国传统的“斗冠”造型；整体采用江南园林风格，在馆内设施上也镌刻着篆体文字，表现出浓郁的中国古典文化，其整体设计表现了中式建筑的构造和传统经典色彩的运用。

除了红色驱赶邪祟的隐喻以外，在我国传统的文化与习俗中，还有十分丰富的具有象征隐喻意义的事物，这些都可以在现代景观设计中起到相应的作用。

（二）具象的功能性立意

除了在抽象的哲学性思维上可以展开现代景观的设计以外，还可以根据功能进行立意。功能性立意是指从景观的实际功能出发进行设计，在保护自然的同时，也为人类的活动提供更多便利，使现代景观在具有艺术美感的基础上，还具有一定的实用功能。其功能性立意主要可以从解决场地实际问题、改善社会现实问题与注重生态保护几个方面去进行。

1. 解决场地实际问题

在对场地进行实地调研之后，设计师就可以对场地中的地理环境与地貌特征进行一定的掌握与分析，对其中的可用积极因素和不可用阻碍因素进行合理的利用。有的可以保留或可以利用的积极因素是激发设计师灵感的主要来源，同样，一些对设计造成困难的元素同样也可以成为设计灵感的来源。以大连龙王塘樱花园项目为例，这一项目就是在对实际场地中的旱渠的解决中，产生了全新的设计理念。设计师在此过程中将不利的场地问题进行巧妙的立意设计，不仅解决了问题，还使该设计呈现出别样的特色。

2. 改善社会现实问题

景观的规划设计从某种角度上来说，就是要对人类所生存的环境进行优化和升级，使人类的生活质量得到提升。景观设计师应当对现实社会有着承担责任的自觉性。美国景观设计师哈普林就是对社会变迁具有敏锐的直觉。在第二次世界大战之后，美国处于人口大量增加、环境逐渐恶化的情况下，他对波特兰市进行了景观设计。这一设计不仅展现出他对自然的独特理解，还为人们感受自然、休息提供了极佳的场所。

3. 注重生态保护

景观设计是需要综合人类使用户外空间与土地空间的设计，景观设计最终的目的是要使人类建设的各种建筑物、社区、城市，以及人类的生活，同地球和谐相处，保证实现人与自然的和谐统一。因此，景观设计的本质就是对土地和户外空间的生态原则的研究，景观设计应以生态保护原则为主要核心。从更深层的意义上说，景观设计是人类生态系统的规划设计，它基于自然系统的自我更新而运行，根据生态保护原则而设计的景观是一种可持续的景观。

生态保护原则具体是指在进行景观设计时要尽量减少对环境的破坏，尊重物种多样性，减少对资源的剥夺，保持营养和水循环，维持植物生境和动物栖息地的质量，实现人居环境的改善与生态系统的健康。基于生态保护原则进行的景观设计在一定程度上，可以使景观的建筑得到全新的改善，进而使人们重新审视日常的生活习惯和行为。

二、功能图解

在基本的立意与构思得到确定之后，还需要根据设计的内容进行功能图解。由于每个景观设计都有特定的使用目的和基地条件，因而也就决定了功能图解的内容和基地的安排布置，功能图解可以在一定程度上避免了功能之间的矛盾与动静分区之间的冲突。

（一）定义与目的

功能图解实际上就是一种在稿纸上进行勾画的草图。它可以用气泡和图解符号形象地表示出设计任务书中要求的各元素之间以及与基地现状之间的关系。[①]需要注意的是，功能图解并不是景观建设基地的详细规划图，只是以符号的形式表示出对基地及其设计条件进行一定的分析。

从某种程度上来说，功能图解就是一种图形语言，它可以将设计师在设计初期脑海中浮现的大量图像画面或是构思，以图形的方式表现出来，使抽象的东西变得具象化。

通过勾画出的图纸，设计师可以与其他设计师进行合作沟通，交流自己的想法，使其他设计师明白自己的构思，进而商讨出更加优质的设计方案。由此可见，功能图解的图形语言对于快速表达而言，是不可多得的工具。此外，由于功能图解是一种总体设计布局的草图，在绘制与修改方面较为轻松，更便于设计师进行多个方案的探索，最终获得一个合适的设计方案

（二）功能图解的重要性

功能图解作为整个景观设计环节的总体布局与首要基础，有着多个层面的意义与作用。其重要性表现在三个方面：一是使整个景观设计中的功能分区得到合理的规划与安排，二是使设计师能够站在更宏观的角度去思考景观的整体设计，三是方便设计师对多个设计方案进行构思并验证其可行性。总体来说，功能图解使设计师对现代景观的设计不再停留在构思阶段，可以使其脑海中的想法具象化，进而继续向更深层次的设计继续迈进。

首先，功能图解能够使整个景观设计的功能分区更加科学合理。合理的功能分区能够为各种性质不同的活动、景观内容的完整性与整体的秩序性提供保障。

① 郝鸥、陈伯超、谢占宇：《景观规划设计原理》，武汉：华中科技大学出版社，2013，第 26 页。

为了减少设计的成本，在设计的最初通过功能图解来确定一个正确的功能分区是至关重要的。

其次，功能图解能够使设计师持续保持宏观上的思考。景观设计在最初阶段不应该进行过于细节的设计，因为细节的设计需要建立在宏观的结构基础上。提前进行功能图解可以帮助设计师对宏观的功能结构做一个整体的了解，减少精力的耗费。

最后，功能图解还可以便于设计师进行多个方案的探讨，进而从中选择出最为合适的方案。每一个设计师在面对给定的景观设计项目时，脑海里都会有几种不同的方案，只有对多个方案进行比较之后，才能从中筛选出最为合适的设计思路。此外，这些具象化出来的图纸还会以不断累积的方式，成为设计师个人脑中的构思资源库，为设计师在以后更多的设计工作积累经验。

（三）功能图解的设计要点

功能图解的具体实施，需要设计师利用相应的图解符号对景观设计中的空间与元素进行大致的规划与定位。在这个过程中，需要注意的地方有确定比例与尺寸、确定位置及功能关系、概念性的图解符号与竖向变化等。

1. 确定尺寸与比例

设计师在进行功能图解的勾画之前，首先应该对景观空间及其元素的大致尺寸有清楚的安排，并在功能图解中按照相应的比例再来勾画，使其结构以缩小版的形式体现出来。在尺寸的大小与元素的安排确定之后，就可以将每个区域及其元素按照成比例的方式，勾画在图纸上。在各区域的尺寸与比例确定之后，设计师就可以对每个空间中应该放置的要素更清楚地进行思考。

2. 根据功能、空间与条件确定位置

在景观的具体设计中，各个区域及其元素的位置安排，需要根据功能关系、所占据的空间及基地条件三个方面来进行。

首先从功能关系来看，景观设计中的区域与元素的安排需要遵循与相邻区域贴切的原则。其次，还需要根据可获得空间来安排区域的相应位置，若将两个较大且不兼容的区域安排在一起，就会造成空间的浪费。最后，还需要根据现有的基地条件进行区域位置的安排。现有基地条件具体是指，在考虑区域位置安排时，需要根据周边的环境、交通情况、视线、地形、绿化情况和行走路线等具体情况来进行设置，使区域的设置更加合理，便于人们的生活。

3. 概念性的图解符号

概念性的图解符号是构成功能图解的基本要素，设计师在勾画功能图解的过程中，使用易于勾画又通俗易懂的符号是极其重要的。通过对这些概念性图解符号的重新配置和组织，能够优化不同使用面积之间的功能关系，解决选地定位的问题。设计师能够根据图纸推敲一些设计元素为什么要放在那里，并且思考如何使它们之间更好地联系在一起。可以说，概念性的图解符号可以使普遍性的空间特性得到更合理的安排。这些图解符号主要包括轮廓、边界、流线、视线等。

（1）轮廓

轮廓通常是指用不规则的线条来形成不规则的图形或圆圈，以此来表示不同区域的形状。每个图形或圆圈大小的确定，就是根据实际区域的尺寸进行成比例缩小而成的。因而每个圆圈的比例就象征着该区域的大小。

（2）边界

功能图解的边界符号可以有多种表达方式。一般来说，根据形成的不同，可以分为透明边界、半透明边界与实体边界。设计师在勾画边界的图解符号时，要明确地将实体、半透明与透明的图解符号区别开，使功能图解的呈现更加清晰明了。

（3）流线

流线这一图解符号主要是为了标明各个空间的入口与出口，使基本路线清晰可见。在功能图解的勾画中，流线主要以一种简单箭头的方式呈现出来。除了各个路径的出入口以外，还需要通过流线的勾画来指明整个空间的最主要运动线路。

（4）视线

视线也是功能图解中一个重要的图解符号。人眼能从某一特定地方看到怎样的景观，可以通过视线这一图解符号的勾画直观地描绘出来。因而视线的勾画对整个景观设计的组织来说极其重要。视线的勾画也有几种不同的类型，主要包括全景视线、焦点视线与屏蔽视线。

三、形式构成

（一）设计的造型要素

景观设计的造型要素包括点、线、面、体、色彩、质感等。造景离不开造型，因此学习和掌握造型的基本方法是学习景观设计的基础。

点，一个简单的圆点代表空间中没有量度的一处位置。

线，当点被移位或运动时，就形成了一维的线。其特征有长度、方向、位置。

面，当线被移位时，就会形成二维的平面或表面，但仍没有厚度。这个表面的外形就是它的形状。其特征有长度、宽度、形状、表面、方位和位置等。

形体，当面被移位时，就形成三维的形体。形体被看成是实心的物体或由面围成的空心物体。其特征有长度、宽度、深度、形式、空间、表面、方位和位置等。点、线、面、体，如图 3-1 所示。

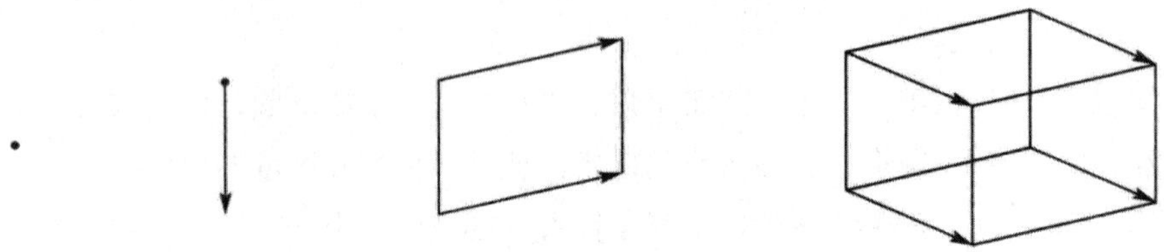

图 3-1 点、线、面、体

（二）设计的基本形式

1. 点

（1）点的特征

点是立体构成的最基本的元素，不管其大小、厚度、形状怎样，只要它同周围其他形态相比具有凝聚视线和表达空间位置的特征，就可以称之为点。点包括平面的点、立体的点、三角形的点和球形的点等。点有长短、宽窄及运动方向，是由各元素相互对应、相互比较而确定的。随着点与块的缩小与扩大，它们之间互相转换。造型语言的不同会在心理上产生不同的感受，如角状点有强烈的冲击力，曲形点则有柔和的飘浮感。

（2）点的造景手法

景观艺术中的植物、亭塔、雕塑、小品、水景、石矶等有一定位置的物体均可以视为点。在景观设计中可以运用点的特性来对景物进行设计和创造，以达到景观设计的目的，主要方法包括以下三种。

第一，运用点的积聚性及焦点特性，创造园林的空间美感和主题意境。点，具有高度积聚的特性，且很容易形成视觉的焦点和中心。点既是景的焦点又是景的聚点，小小的一点成了园林中的主题主景。在构思设计时，要极其重视点的这一特性，要画龙点睛。这种手法的表现可以运用三种方式。一是在轴线的节点或者轴线的终点等位置上，往往设置主要的景观要素，形成景观的重点，突出景观的中心和主题。例如，烈士陵园在轴线上布置主题雕塑。二是利用地形的变化，在地形的最突出部分设置景观要素。例如，在山顶上布置亭子、塔等建筑形成景观焦点。三是在构图的几何中心，如广场中心、植坛中心等布置景观要素，使之成为视觉焦点。

第二，运用点的排列组合，形成节奏和秩序美。点的运动、点的分散与密集，可以构成线和面。同一空间、不同位置的两个点，点与点之间会产生心理上的不同感觉。疏密相间，高低起伏，排列有序，具有明显的节奏韵律感。在园林中将点进行不同的排列组合，同样会构成有规律、有节奏的造型，表示出特定的意义和意境。例如，排列整齐、间隔相等的行道树，迎合了人们所期望的秩序井然的心态，这是一种秩序美；水面的汀步又好似在弹奏一首悦耳的钢琴曲。这里的行道树、汀步等，就是特定的点，它们的排列组合产生了节奏和韵律，给人们带来了愉悦的心情和美的享受。

第三，利用散点构成在园林中的视觉美感。散点构成如同风格多样的散文、旋律优美的轻音乐，在景观环境中布置一些散点，可以增加环境的自由、轻松、活泼的特性。有时由于散点所具有的聚集感和离散感，往往可以给景观带来如诗的意境。散点往往采用石头、雕塑、喷泉和植物的形式出现在景观环境当中。

总体而言，点具有活泼动感的特征，视觉效果较强，可以营造出活跃的空间氛围，但正是由于这个特点，在景观设计中要谨慎使用点，否则可能造成凌乱和繁杂的感觉，从而给人们的视觉和心理带来不愉快的体验。

2. 线

（1）线的特征

线是点的移动轨迹，存在于面的边界，以及面与面的交界处，或面的断、切、截取处，具有丰富的形状和形态，并能形成强烈的运动感。线从形态上可分为直线（水平线、垂直线、斜线和折线等）和曲线（弧线、螺旋线、抛物线、双曲线及自由线）两大类，在景观设计中有相对长度和方向的园路、长廊、围墙、栏杆、溪流、驳岸、曲桥等均为线。

（2）直线在园林艺术中的应用

直线在造型中常以三种形式出现，即水平线、垂直线和斜线。直线本身具有某种平衡性，虽然是中性的，但很容易适应环境。由于直线是人抽象出的产物，所以具有表现的纯粹性。在景观中，直线有时具有很重要的视觉冲击力，但直线过分明显则会使人的视觉产生疲劳感。因此，在景观设计中，常用直线对景进行调和补充。

水平线平静、稳定、统一、庄重，具有明显的方向性。水平线在景观中应用非常广泛，直线形道路，直线形绿篱、水池、台阶等都体现了水平线的美。

垂直线给人以庄重、严肃、坚固、挺拔向上的感觉。园林艺术中，常用垂直线的有序排列造成节奏美、律动美，或加强垂直线以取得形体的挺拔有力、高大庄重的艺术效果。如园林中的纪念性碑塔，则是典型的垂直造型，刚直、挺拔、庄重的艺术特点在这里体现得最充分。

斜线动感较强，具有奔放、上升等特性，但运用不当会有不安定和散漫之感。园林中的雕塑造型常用到斜线，斜线具有生命力，能表现出生机勃勃的动感，另外也常用于打破呆板沉闷而形成变化，达到静中有动，动静结合的意境。但由于斜线的个性特别突出，一旦使用，往往处于视觉中心，同时对于水平和垂直线条组成的空间有强烈的冲击作用，因此要考虑好与斜线相配合的景观要素设计，使之与整个环境相协调。

由于现代审美趋向于简洁、明快、动感和个性，设计中简洁的直线几乎无处不在，表现形式越来越理性和抽象化，各种直线成为艺术中常用的表达要素。这种思想也影响了现代园林景观设计，现代景观设计运用直线创作出许多引人注目的园林景观，直线有时是设计师对自然独特的理解表达。

美国景观设计师哈普林的作品中多种直线的运用形成了一大特色，他把自然中的景观用抽象的形式表达在设计中，在波特兰市爱悦广场的设计中，不规则的折线台地是自然等高线的简化，广场上休息廊的不规则屋顶的灵感则来自落基山的山脊线。

哈普林独特的水景设计手法经常被其他设计师借鉴，例如，建筑师菲利普•约翰逊在得克萨斯州沃斯堡市设计的水园中也是采用大的折线形成水景景观。

（3）曲线在园林艺术中的应用

曲线的基本属性是柔和、变化性、虚幻性、流动感和丰富性。曲线分两类：一是几何曲线，二是自由曲线。几何曲线的种类很多，如椭圆曲线、抛物曲线、双曲线，几何曲线能表达有弹性、严谨、理智、明确的现代感觉，同时也表达机械的冷漠感。自由曲线是一种自然的、优美的、跳跃的线形，能表达丰满圆润、柔和、富有人情味的感觉，同时也有强烈的活动感和流动感。曲线在园林设计中运用最广泛，园林中的桥、廊、墙，以及驳岸、建筑、花坛等处都有曲线的存在。

为了模仿和体现自然，中国古典园林中几乎所有的线都顺应成自然的曲线——山峰起伏、河岸弯曲、道路蜿蜒，植物配置也避免形成规则的直线，总要高低错落、左右参差，形成自然起伏的林冠竖向线（林冠线）和自然弯曲的林冠投影线（林缘线）。即使是亭台楼阁等人工的建筑，也把其屋顶起翘形成自由的曲线。另外，园林道路的线形也是自然弯曲的园路，曲线在有限的园林中能最大限度地扩展空间与时间，在园路和长廊中处处展现它的美姿。

现代园林设计中，曲线更是以多种形式出现，形成了各具特色的景观。开创了“加利福尼亚学派”的美国园林景观设计师托马斯·丘奇对曲线运用更是别具一格，唐纳花园中肾形游泳池的优美曲线堪称典范，为后世许多设计师所效仿；女艺术家塔哈所设计的新泽西州特伦顿市环境保护局庭院——绿亩园，就是利用各种叠加在一起的曲线形成的层层叠叠的硬质景观，仿佛大海退潮后在沙滩上留下的层层波纹；纽约雅各布·贾维茨广场上的主要景观，就是利用流畅的弧线的座椅形成了独特的广场景观。

曲线成为景观设计中人们所偏爱的造型形式。但曲线的弯度要适度，有张力、有弹力，才能显现出曲线的美感。因此，在运用曲线的时候要注意曲线的曲度与弯度的设计。

3. 面

（1）面的特征

面是线的封闭状态，不同形状的线可以构成不同形状的面。在几何学中，面是线移动的轨迹，点的扩大、线的宽度增加等也会产生面。面可以在平面的基础上形成半立体浮雕感的空间层次。若通过卷曲延伸，可以成为空间的立体造型。对视觉而言，作为面的效果更强烈，在面的构成中，应考虑面的配置、分割。在园林艺术中，综观大小名园，无不是由广场、草坪、水面、树林、建筑群等形式的面构成的，完成其功能的却是花、草、石、树、建筑、水面等点、线、面组合的具体造型。

（2）几何形平面在园林中的应用

几何形平面体现了数学性、严谨性和理性，是人工的产物，因此在园林中主要应用于体现同样精神的规则式园林。例如，规则式园林中的空旷地和广场外形轮廓、封闭型的草坪、广场空间均为几何形，常用对称建筑群或规则式林带、树墙等包围。

几何形水景设计，即整形水池，在西方园林中较普遍。水体的外形轮廓为几何形，多采用整齐的驳岸，常见的有方形、圆形、长方形、椭圆形和多边形等。

整形水池的特色是池边较矮而水位高，因而使游人产生亲近感。大型整形水池的设置是为了取得雕塑等建筑的倒影，池中不栽植物，经常保持平如镜的水面。

在西方古典园林中，植物配置也采用几何形平面，如园内花卉布置以图案式和花丛式花坛为主，并运用大量的绿篱和绿墙形成几何形的空间。几何形曲线园林的布局显得整齐、庄严、富有气魄，且易于与建筑、道路等整齐规则的直线形平面环境协调一致，刚柔相济，产生秩序安定、温馨的美感。

几何形平面的特例是对称规则形。对称规则形平面大都应用于纪念性质的广场，如北京天安门广场、南京中山陵广场等。直线形的组合造成一种肃穆、有秩序、宽广的庄严气氛，能使人们油然地升起一股敬慕感和肃穆感，实现了广场的政治功能与集散功能。

（3）自由曲线形平面在园林中的应用

自由曲线形平面是曲线和面结合的产物，突出了自然、随和、自由生动的特性，一般应用于自然式园林中。例如，以顺应自然、仿效自然、利用自然为主导思想的中国古典园林，就是从自然中提取山水植物的规律，形成顺理成章的布局特点。而自然的面都是自由的曲线形平面，因此，在中国古典园林中无论是园林中的空旷地或广场的轮廓，还是水体的轮廓都为自然形的，形成园林中开朗明净的空间。草地植物的种植形成立面效果和地形平面也是自由曲线形的。

在现代园林中，人们追求的自然生态性公园和休闲性公园越来越多。因此，很多园林中的草地、水面、树林等形成的面也采用自由的曲线形平面，但现代园林中曲线形平面的使用更为灵活，在很多地方可以和几何形平面结合使用，甚至有的自由曲线形平面在某个边结合几何形来设计，将人工和自然完整地结合起来。

综观上述诸“面”，可见面在平面布局中与点和线共同构成合理的、具有现代性的艺术概念。

以上从造型要素点、线、面上对园林艺术作了简短的分析。景观设计要想有所突破、创新，就应该结合现代设计理论，去经营各景观组成要素形成的点、线、面在平面上的位置，在立体中的构成，以及在空间中的组合，将最佳的构成作为设计方案来进行造园。

4. 体

一个面展开变成一个体。从概念上讲，一个体有三个量度，即长度、宽度和深度。所有的体都是由点、线、面组成的。体包括长方体、多面体、曲面体、有机形体、不规则形体，以及单纯形体、复合形体等，其表情是由轮廓的表情和面的形状决定的。

宏大的形体由于它们的大体量而使人容易注意，犹如巨大的岩石使人惊异。又如，摩天楼的高大玻璃幕墙表现了人战胜自然的伟大力量。小体积有着和宏大体积不同的性质，由于它的尺度更具有人情味，而比大的物体更容易引起人的喜爱，如小鸟、小工艺品，可谓小巧可爱。若从物体的体量来看，庞大的体积、宽阔的幅度、无限的意境容易激起人们的崇高之感，然而小的东西更容易给人以亲切感和美感，两者在环境中各自起着不同的作用，是相辅相成的。在设计中，将巨大的形体随意缩小或将小巧的东西随意放大，有时将造成滑稽可笑的结果，如将天坛缩小为原来的十分之一，它原来特有的意义就不再存在了，这表明体量的大小是具有一定意义的。

体具有切割、叠加、移动、连接、组合、分离等特性，这是体的重要形态特征。体经过切割、叠加、移动、连接、组合后，可变成多种形态。体被切割的部分与切出的部分彼此间保持着一定的依附关系，有时是正负的关系，若再将它们重新组合在一起，将自然形成形体的多样协调性。景观中的形体可以是建筑、树木、石头、水体等，它们多种多样的组合构成了丰富多彩的景观。

5. 色彩

（1）色彩的特征

色彩是景观设计最基本的造型要素之一，它能赋予形体鲜明的特征。

任何色彩都有色相、明度、纯度三个方面的性质，又称色彩的三要素。色相即色彩的相貌，是区别色彩种类的名称。明度即色彩的明暗程度，即色彩的深浅差别。明度差别既指同色的深浅变化，又指不同色相之间存在的明度差别。明度越低，则色彩给人的感觉就越重；明度越高，则色彩越轻盈。纯度即色彩的纯净程度，又称彩度或饱和度。某一纯净色加上白或黑，可降低其纯度，或趋于柔和，或趋于沉重。色彩是园林中能引起形式美感的因素，尤其有强烈的感染力，能够激发丰富的情感。景观要素丰富的色彩对于景观特色的形成是至关重要的，成功的景观色彩可以充分体现情感景观、心理景观和景观特色。

（2）色彩在景观设计中的应用

第一，色彩在景观设计中能够与景观功能相适应，不同的景观是为了满足不同的需要而被设计的，而不同的功能对景观空间环境的需求不同，因而对色彩的设计要求也不同。例如，纪念性建筑、烈士陵园等景观场所，营造的气氛是庄重的、肃穆的，而这时较为稳重的冷色系的色彩设计可以营造出相应的气氛；而娱乐性空间，如主题公园、游乐园等则需要营造出活跃的、热烈的、欢快的气氛，就应该充分利用明度和纯度比较高的对比色来形成丰富的视觉感受。

第二，色彩能够突出园林景观的个性。创造富有特色的景观空间，是设计者永远的追求。园林要素丰富的色彩，为景观个性的形成提供了丰富的素材。例如，扬州个园假山的形状、色彩与植物的色彩配合，营造出了“春山澹冶而如笑，夏山苍翠而如滴，秋山明净而如妆，冬山惨淡而如睡”的景观特色，使个园的特色极为突出。另外，江南的文人园林建筑采用粉墙黛瓦的色彩，配合其含蓄典雅的特点；皇家园林则通过富丽堂皇的色彩表现其特点等。

第三，色彩与服务人群主体相和谐。不同的人群对色彩的喜爱有不同的偏好。例如，为儿童设计的色彩，应该采取纯度较大的暖色系，符合儿童喜爱鲜艳温暖色彩的心理；为老年人设计的景观，应采用稳重大方和调和的色彩，以符合老年人的心理需要。又如，在炎热地区，应该采取让人感到凉爽和宁静的色彩；而在北方寒冷地区，则应采用温暖鲜艳的色彩。

第四，色彩应从场所文化中提炼与表达。根据法国色彩学家朗科罗关于色彩地理学的分析，地域和色彩是具有一定联系的，不同的地理环境有着不同的色彩表现。设计师只有深入了解当地的民俗文化、体验当地的生活，才能领会场所的精神，提炼出场所的色彩，并将这种色彩应用到景观设计中来。从大的范围来讲，这种色彩可以是一种民族的色彩、区域的色彩。例如，中国人认为红色是喜庆的色彩。

第五，景观中应充分利用山、石、水体和动植物等自然色彩美化环境。景观设计应充分利用现有场所中自然景观的色彩，同时这些自然景观在不同程度上也可受人工的调整，使之与景观所营造的气氛相协调。例如，水是无色的，但因水的面积和深浅不同及水的洁净程度的不同而呈现出不同的色彩，人工的水面也可以根据水面的大小和深浅，配上池底的色彩和不同色彩的灯光照明等各种因素营造不同的水面色彩。

第六，人为的色彩可在园林中起到画龙点睛和装饰的作用。园林中的一些人工的造景要素，例如，建筑物、构筑物、雕塑、座椅、灯具及垃圾箱等大多是人工色彩，这类色彩在景观中所占比例不大，却至关重要。园林中主体建筑的位置、造型和色彩对景观起到画龙点睛的作用，而其中色彩占据重要地位；景观小品和设施的色彩可以起到装饰和锦上添花的作用，同时它们的色彩比较稳定，持续时间长，因此要谨慎设计。

6. 质感

（1）质感的意义和趣味

质感是指对不同物态（如固态、液态、气态）特质的感觉（视觉或触觉），是由于感触到素材的结构而产生的材质感。例如，从粗糙不光滑的质感中能感受到的是野蛮的、缺乏雅致的情调；从细致光滑的质感中则感受到的是优雅的情调。从金属上感受到的是坚硬、寒冷、光滑的感觉，从布帛上感受到的是柔软、轻盈、温和的感觉，从石头上感受到的是沉重、坚硬、强壮等感觉。

质感可以分为人工的和自然的、触觉的和视觉的。不同物态表面的自然特质，称为天然质感，如空气、水分、岩石和土壤等。物体经过人为改造而呈现的表面感觉，称为人工质感，如金属、陶瓷、玻璃、塑胶等。不同质感给人以软硬、粗细、滑涩、枯润等多种感觉形式。质感还根据素材与人们的距离不同而不同。例如，用花岗岩碎石预制的混凝土板嵌砌的外墙，从近处看有粗涩的触觉质感。但从远处看时，由于硅酸盐水泥板的接缝，产生格子一样的视觉质感。

（2）景观设计中质感表现应遵循的原则

①充分发挥素材固有的美。材质本身固有的感受给人一种真实感、细腻感，可以营造出丰富的视觉感受。因此，质感是景观设计当中一个重要的创作手段，在设计中应该强化其特征，用简单的材料，创造出不平凡的景观，体现出设计的特色。

②根据景观表现的主题采用不同的手法调和质感。质感调和包括同一调和、相似调和、对比调和。如德国萨尔大学庭院，设计师采用碎石英岩、暗色玄武岩和黄杨树丛质感对比，形成了丰富的视觉效果，并赋予庭院独特的景色和趣味。另外，在设计中可在庭院中点缀石头和踏步石，布置在苔藓中，草坪中或水中，可根据庭院的环境、规模、表现意图等设计。

③质感的表现要突出且不留痕迹。根据质感表现所产生的质感美是众所周知的。若能尽量做到看上去像浑然天成，则美的程度要更突出。砌石和铺石的接缝似乎应有意地做得明显一些。否则，如果接缝过于细弱，则设计意图不清楚，便成了没有着落的东西。园林中的质感要粗糙刚健，砌缝要强而有力，利用石料和木材这类自然素材的，特别应如此。在设计中，外部空间的尺度、模数，要比室内空间扩大10倍左右才合适，因此质感也会因粗糙刚健而有良好的配合。在景观设计中，常可利用未经加工的天然石材，这种简单的材料给人以朴实自然之感，给人以无尽的想象。

可以借助材料的硬度、重量、表面肌理、色彩触感和距离等，通过塑造手段来表现不同环境中人的情感。材质永远是景观设计师追求和利用的设计因素，而材料的更新又为景观设计提供了更广阔的空间。

（三）几何形体思维模式

几何形体思维模式是指利用一些最基本的几何图形，通过重复排列的方式，再对其位置和大小进行一定的调整，使其变成具有设计感的几何形体。一般来说，最基本的几何图形主要包括正方形、三角形与圆形。

1. 正方形

作为所有图形中最常见、最有用的图形之一。正方形的四条边较为规整，轴线较强。正方形中的边、延长边、轴线、延长轴线、对角线与延长对角线等六大要素，为正方形发展出不同的图形结构奠定了基础。正方形的形状虽然简单，却也能够经过一定的搭配，设计出独特有趣的建筑空间。比如，将正方形的垂直因素引入二维空间中，就可以形成全新的三维空间，使得空间特性的呈现更加直观与丰富。

在运用正方形思维模式进行设计时，也需要注意几个地方。首先，需要注意正方形的（大小）要多样，不能单一化地全部采用同一大小的图形。其次，要注意各图形之间的比例相适应。最后，各图形之间可以采用叠加的方式，使空间得到更大的利用，也更具有层次性。在进行叠加的时候，为了保证每个图形自身的可识别性得到保留，相互叠加的图形之间不能造成遮挡。

2. 三角形

三角形是基本图形中种类最多的一种，有等腰三角形、等边三角形、直角三角形等。在景观设计中，常分为 45° 与 90° 的三角形模式，30° 与 60° 的三角形模式。

首先是 45° 与 90° 图形的思维模式设计，这一思维模式与正方形一样，可以采用相交的方式形成概念性设计方案图的网格铺垫。而且三角形本身具有的运动形式，能够增添整个空间的动感，这种动感可以通过加入三角形垂直元素得到。其次是 30° 与 60° 的三角形模式，这一模式同样可以拼接绘制成网格，根据概念性方案图的需要进行调整。

在设计时还可以通过各个三角形进行相交、平移、相切或延伸，使之成为具有设计感的平面。若想要凸显整体空间的轮廓，还可以通过简化内部线条的方式去实现。在利用三角形进行设计时，也有一些需要注意的地方，比如，要尽量避免对锐角的使用，因为锐角运用在设计中往往容易产生一些无法利用的空间，甚至在形成真正的实体建筑后，这些带角的地方也会有一定的危险。

3. 圆形

圆形最具有整体感与统一感。圆形的许多参量对景观设计有着十分重要的作用，这些参量有圆心、圆周、半径、直径、切线等。在这些参量中，圆心与半径起到最关键的作用。在利用圆形进行设计时，穿过圆心的直线比斜交的线更加稳定。圆形之间的相互叠加或拼接，可以形成叠圆、同心圆、圆弧、椭圆、螺旋线等多种设计类型。

（四）自然的形式

自然的形式是指在景观设计中尽量采用很少被人工干预的自然景观，或者在设计时加入符合自然规律元素的景观，使用一些较为松散、更贴合生物有机体的自然形体的设计方式。这种设计方式与完全的以人工设计的方式还原自然界相比，满足了大众贴近自然的需求，更容易受到公众的喜爱。自然形式的设计可以通过多种不规则曲线来实现。

1. 蜿蜒的曲线

蜿蜒的曲线是自然形式设计中最为常见的一种不规则曲线，其产生往往是从自然界中平滑的河床抽象而来的。蜿蜒的曲线在空间表达上具有一种神秘的动态美，这种平滑流动的方式让人一眼望去就有一种波澜起伏的感觉，宛若涨潮与退潮的海水在沙滩上留下的痕迹。在具体设计中，可以将蜿蜒曲线设计为一些如机动车或人行道的常用道路，以增添一种动态美。除了在道路方面使用蜿蜒曲线以外，还可以在绿篱、座椅、阶梯平台、草坪、水池等多个元素中应用蜿蜒曲线，使整个空间设计更具有趣味性。

2. 不规则的多边形

不规则多边形在自然界中有许多来源，如花岗石块中的裂缝。不规则多边形以其松散、随机的特点呈现出自然形式，与一般的几何形体区别开来。利用不规则的多边形进行设计，可以通过设计不同长度的线条，并根据需要对线条的方向、搭配进行调整，使之最终形成一种生动有趣的设计风格。在运用不规则多边形进行设计时，需要注意尽量少用平行线或者垂直关系的线条，否则就会失去这种不规则、自然的特点，回到矩形规整的设计中。此外，与其他图形的使用相同，不规则多边形的搭配也需要避免产生锐角。

3. 生物有机体的边沿线

自然界生物群落中，往往会根据生态环境的变化，形成一定的不规则序列形式，这些形式往往表现为一种软质的随机边界。生物有机体的边沿线则是根据自然界中这种随机边界的不规则外形特征而得来的一种设计思维，是一种根据随机变化的曲线画出的极度不规则的图形。比如，生长在岩石上的地衣、冰川中河流的沿线等。在利用生物有机体的边沿线进行景观设计时，可以通过引入自然界这些未经人工处理过的岩石、土壤、植被等，使之呈现出生物有机体的特点，增加自然的意味。

4. 聚合和分散的自然曲线

聚合和分散的自然曲线也是根据自然界中的分布现象得来的。以河流中分布的石块为例，这些河流中的石块既是一个个相互分离的元素，又在整体上以丛状的方式聚合到一起。这种既分散又统一的分布方式，就是聚合和分散的自然曲线。景观设计师在进行设计时，可以采用同样的方法，对植物群体或其他元素进行聚合与分散相统一的设计。

（五）多种形体的整合

以上介绍了许多相同设计主体进行搭配组合形成的设计，这种设计能产生统一感，也能在一定程度上避免单调。但要想整体设计具备更加丰富的元素，呈现出更多的设计感，就需要加入更多不同的形体进行连接。在对多个形体进行整合时，要想创作出一个较为协调的整合体，就需要遵循以下整合原则。

首先，要保证各个形体之间采用平行或 90° 角连接的方式进行组合。虽然随机搭配在一定程度上可以增加设计的自然感，但过于随机会使设计显得较为凌乱。因此，在设计时要采用较为规整的平行或 90° 角连接的方式，使参与形体之间保持一种内在的联系。

其次，在整合过程中要避免产生锐角。锐角在设计中的各个方面都有着不利影响。在视觉上，因为锐角使得构成形式之间无法形成较强的视觉关系，因而容易造成人的视觉紧张；在利用空间上，锐角的边缘也很难进行空间的利用，种植灌木或其他植被都无法进行；在具体实施上，对锐角区域进行铺地时，狭窄的角落中往往较容易出现裂缝。此外，一些锐角性的建筑物也更容易造成人的受伤。

再次，在多个形体中，需要有一个作为主体的构图形式。任何设计都必须有一个凸显的主体，使之成为整体的视觉重点，让观者第一时间就能抓住设计的重点，同时也能减少观看的疲劳。

最后，不同形体间的整合还要保证各自的可识别性。所谓可识别性是指构成整体的单个图形，依旧可以在整合之后被识别出来。也就是说，尽管在整体设计中，需要有一个主体形式作为凸显要素，但也要保证每个要素不被遮挡。

四、空间设计

景观设计的整体美感源于空间结构，好的空间设计是景观形式美的内在支撑，空间设计的形态构成要素、组织原则与构景手法在很大程度上决定着景观的结构与形式之美。

（一）空间形态构成要素

1. 空间与边界

在景观设计中，空间的功能是为游人提供游览休息的场所，空间也是各种设计要素得以存放的条件。边界的作用除了阻隔视线以外，也是空间得以形成的原因。空间与边界是一种相互依存的辩证关系，可以说空间的形成就是根据边界的约束与限定形成的。

首先，景观空间根据边界的不同，可以分为外向空间与内向空间。内向与外向的选取是根据人的游览需求进行的，通过不同的自然环境、空间结构与视线条件的选取来形成。通常来说，外向空间适用于较大的景观，视线常是离心的、扩散的；内向空间适用于较小尺度的景观，视线常是向心的、内敛的。外向空间布局常以建筑群的方式呈现，在具体设计中，追求建筑正面朝外的设计，给人一种向外敞开的感觉。内向空间以中国古典园林中的私家园林为例。私家园林往往追求静谧的氛围，不喜欢外界的打扰，因而常采用内向布局的空间设计。在具体设计中，以水池为中心，周边设置具有向心内聚特点的道路、建筑与景物，使得这些元素能穿过水面遥相呼应，在扩大园林空间感的同时，也保证了内向布局的需求。需要注意的是，外向空间与内向空间并非相互排斥，在现代的许多设计中，有一些设计师采用了外向空间与内向空间结合的设计方式，使其同时兼具内向空间与外向空间的优势与特点。

其次是边界的处理。边界的不同设置往往影响着空间的体验感。在空间设计中，边界根据不同的划分角度形成了不同的类型：根据平面的不同分为单一型、双重型与多重型；根据立面的不同分为墙型、列柱型、高差型与记号型。从平面的角度来看，空间的封闭性与隔绝程度从单一型到多重型逐渐递增，边界层次越多，其空间的封闭性就越强；从立面的角度来看，这种封闭性从墙型到记号型依次递减，记号型的封闭性最弱。

2. 视点、节点与焦点

视点是指游人在游览风景时所站的位置，也称为观赏点。视点的位置、角度与距离决定着静态观赏的质量。在景观设计中，各景物之间的和谐统一，离不开视点的安排与设计。从某个角度上来说，景观中的每一个角落都可以成为视点，但只有一些关键视点才决定着整个空间的布局与结构。在景观设计中，视点位置的选择与高低变化有助于游人从不同的视角去观赏风景，也在一定程度上增加了景观的层次性。游人站在视点较高的位置，可以具有较为开阔的视野，也可以看见更多、更完整的风景；站在低处进行仰视，则可以感受到整个景观空间的广阔，使山石、树木等景物更显巍峨壮观。总之，在景观中采取多样的视点，可以丰富游人的景观感受。这种视点的变化可以通过利用起伏的地形或构建错落的观景建筑来实现。

节点是指景观中各种路径的连接点。游人可以在景观的各个节点中进行游览路径的选择，因而节点往往设置在区域的变换处、交叉口，以及入口、出口等地点。

焦点是指整个景观中最吸引人目光的一处景物。它具有显著的标志，可以对游人起到引导的作用，也可以帮助游人在整个景观空间中确定自己的所处位置与空间方位。因此，焦点本身需要具有清晰可辨的外在形象，其独特性可以表现在形状、色彩、位置、质感、体积等方面。在景观设计中，可作为焦点的景物有建筑、山石、水体、高大植物等。

3. 视距与视角

与视点相同，视距和视角同样影响着静态观赏的角度与质量，景物的清晰与模糊同视距、视角有着密切的联系。首先，从视距来看，较近的视距可以使游人观赏到更为清晰的景观画面；反之，较远的景物则会使画面呈现出较为模糊的效果。根据视觉规律来看，视距的范围往往控制在 25 ～ 100 米之间。

另一个影响视觉效果的则是视角。视角分为垂直视角和水平视角，它们通过影响景物的视觉高度与宽度来组合成一个视域空间。视角的宽度与高度之间有一个较为适宜的比例，当视角宽度是视角高度两倍的时候，可以观赏到最为完整、也最为清晰的景物。这种视觉规律不是完全绝对的，但若在设计中能遵循这一规律，将会使景物得到更佳的呈现。

4. 路径与区域

路径是游人观赏景物时需要通过的游览通道。路径的设置与动态观赏的效果有很大的关系，游人在景观空间的主要路径中穿梭时，可以获得对整个景观设计的总体印象。路径可以分为直线路径与曲线路径：直线路径往往用于一些功能性景观，以缩短人们到达目标地点的时间；曲线路径则出于延长游览路线的目的，常在公园等休闲区域进行设置，使游人尽可能获得丰富的景观印象。

区域是整个景观空间中的各个具体组成部分。与路径的线状形态不同，区域呈现出的是面状形态，区域也对景观空间的布局与形象有着重要影响。在景观设计中，区域的设置与当地的自然条件息息相关。以颐和园为例，颐和园根据地形变化，划分为东宫门及宫室区、万寿山前山区、后山后湖区，以及由昆明湖、南湖、西湖组成的湖区。

5. 空间序列

空间序列是指景观空间中景物在空间排列中的序列关系。景观设计的空间序列需要从功能、自然条件、整体协调多个角度去考虑其组织，使游人能感受到景观空间层次的丰富性，增加游览的趣味性。空间序列的安排可以从对比的角度去进行，这种对比可以从空间大小、空间形状、空间虚实三个角度来展开。

首先是空间大小的对比。一般来说，较大的空间为主要空间，主要空间的设置，需要具有丰富的景物、较强的表现力，要体现出整体景观的风格特点与内涵。较小的空间则为次要空间，次要空间是围绕主要空间进行展开的，辅助主要空间去表达景观整体设计的主题与内涵。主次空间的搭配，使得整个景观空间错落有致、详略得当，也能起到深化主题的作用。

其次是空间形状的对比。形状上的对比主要为横向空间与纵向空间的对比，以及规整空间与不规则空间的对比。每一种空间都有其不同的表达效果，对不同形状空间的搭配使用，可以通过对比，使整个景观空间的感染力得到强化，其视觉效果也得到增强。

最后是空间虚实的对比。虚与实的对比是一组相对性的概念，同一景物在不同参照物的对比下可以为虚，也可以为实。比如，当植物与建筑进行比较时，植物为虚，建筑为实。当植物在与水进行比较时，则是实的一方。此外，山与水进行比较，山是实的，水是虚的。这类虚实对比还有很多，此处不再赘述。在景观设计中，利用空间虚实的对比，可以起到一种相互衬托的作用，从而实现增强景观美感、丰富游人的游览感受等多重作用。

（二）空间组织原则

空间的组织要想形成整体统一的空间秩序，就需要遵循一定的空间组织原则。空间组织的和谐统一，需要遵循变化与统一、平衡与组合、韵律与节奏三个基本原则。

1. 变化与统一

空间组织的多样性建立在变化的基础上，但这种变化必须是一种有秩序的变化，否则就会显得混乱无序。同理，整个空间若过于强调统一，失去了变化，也会变得单调、枯燥、乏味。因此，只有通过变化与统一的协调，才能使整个景观空间的设计具备和谐感与趣味性。景观空间的统一与变化，需要通过强调主体、重复、加强相互联系等方面来完成。

首先，强调主体是指在景观空间的多个元素中，将一组元素通过凸显的方式，使其成为空间的主体。强调主体是变化感与统一感的具体呈现，以对比的方式对主体进行强调，使其区别于其他元素，这是一种变化的体现。而当主体确定之后，其他元素就需要为主体服务，其构成、颜色等许多细节方面都要与主体相统一，因而也体现出统一感。

其次是重复原则的使用。重复是指在景观设计中对一些在线条、形状、颜色等方面具有相似特征的元素进行反复使用的原则。重复原则将具有相似特征的元素组合在一起，因而能使整个景观空间产生一种统一感。对重复原则的使用，需要注意两点：一是在设计中，对元素种类的挑选应尽可能地减少，如在铺地材料的选择或植物种类的选取时，都尽量只选取一两种，避免产生杂乱无章的感觉；二是在挑选出运用的一两种元素之后，就应该有意识地在接下来其他方面的设计中进行应用。

最后是加强元素之间的联系。这也是增强统一感的一种方式，加强联系最常用的一种手段就是使分散或孤立的元素互相靠近，使其进行连接，进而在视觉上增强整体的统一感。

2. 平衡与组合

平衡与组合是指对许多或对称平衡、或非对称平衡的设计元素进行组合设计，进而使每一个元素都能与其他的元素保持相对平衡的空间设计原则。

从平衡的角度来看，主要可以分为对称平衡和不对称平衡。对称平衡较为简单规整，呈现出一种静态美，在景观设计中，主要有轴对称、中心对称和旋转对称三种形式，对称平衡主要用于较为庄严的建筑物中，以营造出一种庄重感。不对称平衡具有一种复杂性与动态感，它不像对称平衡一样具有明确的对称轴和中心，却能找出其中的构图重心，因而也具有一定的平衡感。不对称平衡通常能营造出一种自然之美，还会产生移步换景的效果，它常在植物、山石等元素的分布中体现。单一地使用对称平衡和不对称平衡，都有一定的不足。只有通过成组布置的方式，将对称平衡与不对称平衡统一起来，才能在视觉效果上实现秩序感与自然感的统一。

3. 韵律与节奏

若说前面两个原则是从静态的角度对空间设计中的各个要素进行组织，那么韵律与节奏则是从动态的角度，对游人在观赏过程中观赏到的景物及其产生的感受赋予一个动态的设想。在设计中，要实现韵律与节奏，可以通过重复、交替、倒置和渐变四种方式来进行。

首先是重复的运用。这里的重复原则与统一变化中的重复原则略有不同。产生韵律与节奏在设计中主要是指通过运用重复的元素或一组元素的间隔排序来创造出显而易见的次序。当人在进行游览时，眼睛跟随元素次序的排列而移动，由此产生出一种节奏感。需要注意的是，这种重复也不能过于单一，也需要在其基础上寻找一些变化。

其次是交替的使用。交替与重复类似，是指在单一元素进行重复的基础上，对元素进行替换设计，使两个或多个元素进行有规律的变换与重复。建立在交替基础上的重复要比单一的重复更具有视觉趣味性，当然这种交替也不能采用过多的要素，否则就会使节奏过于缓慢。

再次是倒置的使用。倒置其实就是一种特殊的交替，只不过是对交替元素的设置进行了更具体的限制。在倒置中，替换元素的设计主要是对原有元素进行相反的设置，如高变矮、宽变窄、直线变曲线、大变小等。

最后是渐变的使用。渐变也是一种重复的方式，通过对序列元素中的某一特性进行依次改变而形成。比如，对高度进行依次增高或降低、线条数量依次增加或减少，还有色彩、纹理等方面，都可以通过渐变的方法来设计。渐变的运用使整体设计能够产生变化感，同时又不会让人感到突兀。

（三）空间的构景手法

1. 借景

借景指的是将景观空间以外的景象引入景观内，使园内的景物与外面的景物进行有机结合的造园手法。借景是景观设计中最重要的构景手法之一，借景在弥补空间尺度小这一不足的同时，还可以节约人力与财力的成本。借景在景观设计中有多种方式与来源：第一，可以采用对山石的堆叠或建筑楼阁，通过抬高视角的方式，看到景观空间外的自然山水；第二，可以通过预留视线走廊的方式，使园外的景物不被遮挡；第三，可以通过水中的倒影来映射出更多的景物，或通过镜面来进行反射；第四，可以进行树木的种植或叠山理水的方式，吸引禽鸟或蜂蝶来增添活景；第五，可以通过栽种具有季节特征的花草树木，使景观的景物特征跟随季节的变化而呈现出不同的景致；第六，可以借声景，通过栽种竹子、芭蕉等植物的方式实现风声、雨声的借景效果。

2. 主景与点景

主景是指景观空间中的主要景物，通常为一些山石、主要建筑，或者具有较高观赏价值的花木。主景在整体的景观设计中起到关键性作用，具有控制全局的意义。点景与之相对，是景观空间中较为次要的景物，但具有点缀环境和揭示景物内涵的作用。

点景可分为题点和景物点两类。题点是指通过题词的方式对一些相对含蓄、有不确定寓意的景致进行寓意和内涵的揭示，使游人明了其意义。景物点则是指通过园林中的小型建筑景物来装饰点景。景物点的设计需要注意的是数量上的控制，过多的点景会产生杂糅的副作用。恰到好处的景物点不仅可以通过山石、花木和雕塑等景物实现剩余空间的再利用，还具有装饰性效果。

3. 引景与框景

引景是指借助景物的朝向，有意识地引导游人视线和游览路径的方法。引景可分为向心引导与离心引导两种方式，两种方式具有完全相反的视觉效果。向心引导是指从景观的外面向景观的中心进行注视，从而使人产生一种向往；离心引导是站在景观空间内向外远望，进而产生发散性的联想。在景观设计中，游线引景可以通过游路引导、点景引导和标识引导三种方式进行。

框景则是指对特定的景物进行框洞式的设置，使游人能够站在相应的地方，对框洞内的景物进行观赏。由于框景具有一种边框性，所以能使人感受到如绘画一般的审美效果。在具体的景观设计中，可以通过门框、窗户，或拱桥中形成的圆洞等带有边框性质的元素来进行框景的设计。

4. 障景与漏景

障景中的“障”含有障碍的意思，具体是指在游人观赏的途中，通过山、石、花、木等景物元素来遮挡人的视线的造景方式。造景的设计能为整个景观空间增添神秘的意味，在景观中多处使用可以起到不同的作用。如在景观的门口设置障景，可以使游人无法第一时间尽览园内的所有景物，从而保持对园林的好奇心与新鲜感；在园林的路上设置障景，可以改变游人的游览方向，进而起到引导作用；在一些不雅之处，也可以设置障景来进行遮蔽。此外，障景还可以用于不同区域之间的过渡。

漏景是指通过一些花窗、栅栏等不具备真实阻挡的景物来作为介质，使游人可以借此看到一些较为朦胧的景物。这种漏景是一种较为随意的漏景，使人在不经意间就观赏到对面的景物。

5. 对景与夹景

对景是指景物之间呈现出一种相对关系的造景手法，一般通过轴线的划分来确定。对景具有一定的规整性，比较容易营造出一种秩序感与庄严的氛围。因而常用于一些较为严肃的景观设计中，如一些具有纪念意义的、大型的公共建筑中。

夹景是指将树木、房屋、墙壁等景物安置在对景两侧，使其凸显出所对主景的造景手法。夹景的设置通常与对景同时出现。

6. 色景与声景

色景是指利用色彩进行造景的一种手法。在景观设计中，建筑物与植物的颜色、日光、月光等元素都可以进行色景的构建。其中植物产生的色调影响最大，园林中的植物数量通常是最多的，且会随着季节的变化而呈现出不同的色调。不同色调的色景设计，可以营造出不同的氛围，进而使人产生不同的色彩感受。一般来说，黑色、白色、灰色往往会给人一种素雅、清新的感觉，这种色调最为典型的就是江南私家园林；而金色、黄色、红色为主的色调则会呈现出一种庄严、壮丽的氛围，这一色调多用于皇家园林建筑。

声景则主要以声音的表现为主要手段。将声景进行细分，还可以分为自然与人造的两种声音，不同的声音可产生不同的效果。在景观设计中，自然的声音往往可以营造出极佳的意境。园林中的鸟鸣、虫语、雨声、风声都是自然的声音，都能够通过渲染意境的方式，引发人的联想，进而产生相关的感情。我国古代许多诗词作品就是受自然的声景启发而产生的。人造的声音在景观的设计中主要有器乐演奏、戏曲演唱、诗歌吟唱等形式，这些人造的声音也可以在一定程度上增加景观的典雅氛围。

第三节　景观设计的形式表达

一、概念设计表达

对于概念设计，在《设计词典》中，张乃仁将其归纳为“以形象进行设计描述，设计构想不拘泥于具体的设计形式，凭借新观念和新构想，进行一种理想化的设计描述，以求在其中诞生新的设计类型”。概念设计也像概念艺术抛开物质因素那样抛开技术因素，以无拘无束地全方位探索和自由地表现创意为宗旨。

在设计创作过程中，出现过众多的艺术形式和设计体系，它们都在设计领域中提出各自的理论体系以及规范。艺术形式有前卫艺术、装置艺术，设计形式有功能设计体系、构成设计体系、绿色设计体系等。与它们不同的是，概念设计是探索性的、紧跟潮流的和为未来做准备的，而不是一味地求新求奇。

二、技术设计表达

景观可视化要以一定的中介系统或表现媒介来向人们展示其设计的内容、特征及含义，传达给人们独特的设计意向，它与景观设计交互过程是不可分割的。从景观表现媒介工具的技术发展历程来分析，景观表现的方法可以分为一维语言文字表现、二维图纸系统表现、三维实体模型表现、四维动画表现，以及多通道的虚拟现实技术表现。随着计算机技术的飞速发展，效果图已经很难满足客户的需求，景观动画逐步取代了景观效果图，进入景观表现当中。

技术设计表达是景观概念设计和施工图表达中间的一个承上启下的过渡环节。视觉尺度的景观技术设计涉及空间形态、材质、色彩、水、暖、电、照明、雕塑小品、景观设施等众多方面的具体方案，是一个众多技术部门协力配合，共同贡献智慧的过程。景观技术设计应当尊重概念设计方案的原创性和独特性，在可能的操作范围内给予最大程度的配合和支持。①

（一）二维空间表达——图示

图示相当于设计人员之间交流的一种语言。二维的图形、符号可以准确、全面地表达设计的功能意图、体量造型、尺寸材质等各个方面的信息。目前为止，图示的使用极为广泛和普遍，国际通用，亦可以准确度量。设计人员应当熟悉并掌握设计图纸的标准规范化表达，并把它作为设计的语言来进行交流。图示和语言有很多相对应联系的因素，图示中的地面、树木、停车场符号、表示方向的箭头等相当于语言中的单词，是经过抽象而能表达特定种类物体或概念的符号。图示中的各种实线、虚线、点画线等修饰符号，以及将各个符号组织起来的元素相当于语言中的句法，遵循特定的规律来应用。完整的平面图、立面图和鸟瞰图就相当于由语言和句式组合起来的文章，可以让人们充分地阅读。

1. 平面图

平面图的概念是指用一个假想的刀在水平面某个高度的位置平行剖切物体后，所有物体在地平面的垂直投影的总和。

平面图是视觉尺度景观设计中最重要，也是需要最先确定的图纸。平面图中包含了最多的设计信息。平面图应按照一定比例绘制，要求图纸中的任意一个要素都是可以度量且可以换算成实际尺寸的。技术设计表达阶段的平面图是所有其他图纸的基础，可以根据基础平面图绘制出竖向高程图、绿化布置图、交通示意图等。平面图中所包含的具体设计信息应当根据实际工程的需要来确定。一般来说，总面积小于 10000 平方米的场地平面图可以包含场地的高程、交通、建筑范围、景观绿化、照明、小品设计、雕塑、铺装、水系统设计等综合信息。大于这个面积的各项内容则绘制在其他的图纸中。

① 宋立民、谢明洋、王锋：《视觉尺度景观设计》，北京：中国建筑工业出版社，2007，第 110 页。

2. 立面图或剖面图

景观剖面图指的是景观空间被一假想铅垂面沿水平或垂直方向剖切以后，沿某一剖切方向投影所得到的视图。立面图沿某个方向只能画出一个。

应当在平面图中用剖切符号标识出需要表现立面的具体位置和方向。景观设计中的地形变化、具体选用树种或树形的变化、水池的深度和跌水的情况、景观构筑物的立面造型和材质等信息，都需要在立面图中表达出来。若说平面图主要体现景观设计的布局和功能，那么立面图则具体体现了设计师的艺术构思和风格的创造。立面图或剖面图是视觉尺度景观设计中特有的图示表达，需要绘制得详尽、具体。对于比较复杂的设计，也可以将以上内容分别绘制。

3. 鸟瞰图

鸟瞰图作为透视图中的一种，是从高处某一点俯视地面绘制成的立体图，比平面图更有真实感。鸟瞰图是符合人眼视觉规律的空间透视图，是失真的效果，不可像平面图和立面图一样进行度量。

（二）三维空间表达——模型

模型是利用纸板、有机玻璃、木板、聚氯乙烯板、ABS 塑料等实体材料，按照一定的比例制作或打印的模仿真实空间效果的设计表达手段。模型可以非常直观地表达出设计的构思和效果，在视觉尺度的景观设计中应用得非常广泛。相比较其他图示表达，模型更加直观，易于理解和推敲，其不足是制作周期较长，成本较高。

1. 工作模型

制作工作模型是视觉尺度景观设计初期阶段的手段。工作模型不要求十分准确，而要非常方便且直观，要求迅速、富有创造性地表达设计。工作模型的制作材料没有具体限制，泥土、泡沫塑料、钢丝、纸板等都是制作工作模型的理想材料。像绘制设计草图一样，工作模型的制作也是一个思考和创作的过程，而且直接制作工作模型有时可以获得图纸绘图难以取得的创意效果。它可以是一张纸的折叠、积木的叠加、大头针的疏密排列、彩带的编织等，简单又明了。

2. 商业模型

在视觉尺度景观设计的后期阶段，往往需要一些精美的模型将设计完整地、准确地表达出来，用于展示、推销或其他商业目的。这些模型称为商业模型。与工作模型不同，商业模型需要迎合大众主流的欣赏眼光和视觉审美要求，制作要求十分精细，比例尺度准确。

（三）动态综合表达——多媒体

随着信息技术的发展，设计表达的手段也日趋多样，人们需要更加方便直观地了解、体验设计。可以说，多媒体的各种手段就像语言中的各种形容词，为设计师的构思和设想提供修饰服务，成为设计表达的一个拓展方面。

目前，设计领域中应用的多媒体手段主要有两个类型。

一是演示汇报。通过 Microsoft Office PowerPoint、Adobe Acrobat、Google SketchUp、Lumion 等演示软件，将设计从场地调研分析、设计构思、具体设计、后期制作等部分完整、系统地表达出来，便于理解和比较。

二是动画制作。可以将设计的空间模型用三维或二维动画制作出来，动态地展示空间效果。模拟人在真实空间中的运动过程，尤其可以精确表达图纸难以体现的细部设计和不同季节及时间的景观空间效果，十分具有感染力。

三、施工图表达

（一）施工图的表达内容

施工图设计是景观设计的最后阶段，也是后期现场施工以及建设方和施工方进行工程预算、决算的基础。设计者充分了解和遵照国家与行业规范，熟悉各类景观工程材料的性质、做法，贯彻方案意图，尽量降低工程造价，做到生态节能。

施工图设计完成后，设计方需要协同施工方、监理方和建设方进行现场交底，对于图纸中的问题应进行解答。若后期方案有所更改，设计方需要出具设计变更图，直至项目施工完成。

景观设计施工图是具有良好的可操作性、准确率高、比较详细的图纸文件。其在工程项目建设过程中起着重要的衔接作用，是把设计规划转变成现实的重要环节，是景观工程预结算、施工监理、施工工程监督和验收的重要参考依据。所以在设计施工图的过程中，对设计的要求更加严谨和准确，要求设计方案清晰、简洁。在设计过程中，设计师要根据具体的景观项目，运用合理的设计手法。另外，在一些特殊的项目中，设计人员还需要提升个人在水土保持、水利工程、道路设计、地下管网等方面的知识，从而设计出科学合理的景观施工图。

（二）景观施工图的基本构成

绘制总图主要是为了让相关人员可以更加直观地对项目整体有具体了解，总图主要由总平面定线、总平面图、总竖向图、定位图、总平面铺装图、总平面灯位图、总平面设施索引图、总平面分区图等构成。在绘制的过程中，为了形成合理的竖向、定位关系，可将定稿的景观方案利用总平面的方法在现状地块中体现出来，和建筑总图进行有机的结合。对主题广场、路网关系、雕塑、景观小品、景观构筑物之间的尺度关系进行认真的推敲，将主要广场的排水坡度、高程、分水线、变坡线、排水方向和主路绘制出来并给出大地坐标点；绘制出无障碍设计的平面位置、主要水景的池底控制高程和水面、绿地的等高线高程、无障碍平面设计的位置；对户外各种灯具的安装要求和安装位置进行绘制；绘制各种设施的具体位置，并给出详细的统计表；标出铺装材料的统计表，统计表中要包含材料的规格、类型和使用位置；绘制出主要的经济性指标统计表。

在对平面图和剖面图进行绘制时，对于变化比较丰富、地形路差比较大的地块绘制剖面图，进而将让施工方更加深入理解设计的目的。对总图中的铺装形式进行统计后，绘制出各种铺装样式的平面大样图，给出不同铺装交接位置的做法和构造的做法，对非上车铺装和上车铺装的做法进行区分。例如，在设计某工程的施工图时，根据实际的地形，绘制出场地的平面图、剖面图，并根据实际的场地情况，标出放线网格，构造做法。

四、方案成果

（一）概念构思草图

概念草图通常是随意的、自由的创作。然而，概念草图可以表达比预期更多的东西，即使是硬线条表现图，每一根线条都传递着关于形式、光线和空间的信息，也暗示了细部和表面的特征。概念草图有时需要借助于图解构成一种便于交流的抽象语言，通过图解，人们扩展设计词汇和传递思想。箭头、节点和其他符号等元素，可以帮助初学者运用图解技巧探索思维概念。

概念草图是设计师将自己的想法由抽象变为具象的一个十分重要的创造过程。它实现了从抽象思考到图解思考的过渡，它是设计师对设计的对象进行理解的过程，也是在综合、展开、设计、结果四个阶段有效的设计手段。

草图在许多设计领域里也都是必需的技术。在设计草图的画面上会出现文字注示、尺寸标定、颜色推敲、结构展示等，这种理解的过程是设计草图的主要功能。优秀的设计师都有很强的图面表达能力和图解思考能力，构思会稍纵即逝，所以设计师必须具备快速和准确的速写能力。

利用草图进行形象和结构的理解，并将思考的过程表达出来，以便对设计师的构想进行再构思。思考类草图更加偏重思考过程，一个形态的过渡或一个结构的确定都要经过一系列的构思和推敲，而这种推敲靠抽象的思维是不够的，要通过画面辅助思考。

（二）总平面图

景观设计的总平面图表明了一个区域范围内景观总体规划设计的内容，反映了组成景观环境各个部分之间的组合关系及长宽尺寸，是表现总体布局的图样。总平面图的具体内容如下所示。

（1）表明用地区域现状及规划的范围。

（2）表明对原有地形地貌等自然状况的改造和新的规划。

（3）以详细尺寸或坐标网格标明建筑物、道路、水体系统及地下或架空管线的位置和外轮廓，并注明其标高。

（4）标明园林植物的种植位置。

在设计过程中，设计者必须绘制完整的图面以表达其构想。与透视图、剖面图和立面图相比较，平面图被视为最有效的沟通图示。一般而言，平面图可以让阅览者了解整个设计方案较为完整的架构，同时表达设计者对于各种设计元素的明确标示。

平面图表达的优劣直接关系到对设计的第一解读，它决定着对设计的第一印象。因其中隐含着绘图技巧及才能的表达，高品质的图稿具有视觉上的吸引力，同时能有效地显示出设计的内涵。有水准的图稿，可以在一定程度上提高作品的分量。

（三）分析图

表述设计者的方案有很多种说明方法，如数据图表、文字、图文结合的说明等，绘制分析图的目的是全面理解场地的各种信息，解析设计意图，分析设计的合理性，同时分析图直接对应解决问题的设计思维。

最基本的分析图需要具备使读图人在第一时间内明确设计者意图的能力，如交通组织、功能分区、景观格局等。分析图种类很多，目前的分析图相对来说没有严格的规范，但大致划分可以分为几类：功能分区分析图 / 景观分区分析图、交通流线分析图 / 道路交通组织图、景观格局分析图 / 景观视线分析图、绿化种植分区图、概念结构分析图。

在设计课程和长期作业中，设计者可以根据项目的复杂程度选择不同的分析图来解析设计。而在正式的设计项目方案中，设计者应该尽可能就地绘制各种分析图，对各种场地条件和限制提出求解，对设计意图解析完整。需要注意的是，不同的分区、流线、视线等分析手段体现的图面元素要用不同的符号表示（通常有比较规范的符号），一套清晰的符号语言对于同他人及同自我进行图解交流是很有用的。

（四）剖立面图

立面图是为了进一步表达景观设计意图和设计效果的图样，它着重反映立面设计的形态和层次的变化。剖面图主要提示内部空间布置、分层情况、结构内容、构造形式、断面轮廓、位置关系及造型尺度，是了解详细设计，进而为具体施工阶段提供参考的重要依据。

在沟通设计构想时，通常需要比在平面图上所能显示的内容更多。在平面图上，除了使用阴影和层次外，没有其他方法来显示垂直元素的细部及其与水平形状之间的关系。然而，将立面图和剖面图结合在一起表达的剖立面图则是达到这个目的的有效工具。

（五）透视图及鸟瞰图

设计图纸要全面反映设计的各项成果，通过平面图、剖立面图、详图等技术性图纸的表达，使人们对设计有全面的认识与了解。平面图、剖面图、立面图是从多个视角反映物体的特征，即对设计方案的分解，但这些视图还需要借助人们综合的思考将分解的片段组合成一个整体。

常规的景观设计方案中除了平面图、剖立面图外，正常视角的透视图或者鸟瞰图是辅助说明方案的重要图纸。

透视图可以帮助实现真实的模拟。透视图是指按照人眼的视觉规律，以科学透视的方法表达的三维空间效果图。透视图是不可以度量的，视觉尺度景观设计中经常使用的透视图是一点透视和两点透视。在需要表现场地气氛、空间效果和天际线的形态时，多使用一点透视图。而在需要强调具体设计的构思、造型、某个构筑物的形态时，常使用两点透视图。需要强调的是，视觉尺度的景观透视图应当把视平线确定在 1.5 ～ 1.7 米，也就是人眼的通常视线高度上，可以方便、真实地表现空间效果。

视觉尺度的景观设计主要依靠透视图模拟人在空间中的体验，绘制接近真实的空间效果。手绘的空间效果图可以生动地渲染景观设计的气氛，在这一点上优于电脑表现的透视效果图。

（六）图面构成与版式设计

一套完整的景观设计图通常包括概念图解（草图）、总平面图、剖立面图、分析图、透视图。这些表现图，无论是采用常规的还是采用前卫的表现手法，都必须能将设计意图有效地传达给观者。

不论是真实的设计项目还是景观命题考试，图纸内容的主要目的是有效地表达设计构思。在常规的景观设计教学中，即平时的课程作业或参加竞赛的作品会要求将多幅图并置在一幅或几幅图面上。在真实的设计项目中，多采用同样幅面的一整套图纸来表达设计方案，每一幅图面表达一个设计内容。

一种有序的构图形式将最终的设计成果绘制并布置在图纸上。最理想的图纸应当自我表达，因此文字应尽可能少一些。通常在适当的距离下仍能清晰可读时，采用最小的字母和最简单的字形。一套图纸尽力在版式、尺寸、形状、方向和图纸类型上保持一致。图板上介质使用的连贯性也有助于多个图面的统一性。在图面上平衡和安排各种元素时，要尽力做到有创造性。一种对比性的画面（如在白色底板上用黑色块来整合琐碎的图面）可以帮助组织和协调那些在所有表现图里的表面上毫不相干的片段元素。

组合各图面的最终目的是把被利用的各种画图图例和文字说明有效地结合起来。这在很大程度上取决于表现图版的大小和形状，以及选用的对各种图纸（网格、强化背景、放射和旋转、突出中心等）的组合方式。参考一些平面的排版方式就会得到启发，它们会告诉你应该如何去处理和表现图版。

版式设计是对各个设计内容的图面进行编排设计，版式设计是为了下一步传递设计信息服务的。那么保证设计图纸的完整、清晰则是前提。即使版式设计得非常吸引人，但图纸的质量受到了影响，那也将适得其反。因此，设计师应平衡好版式设计中艺术性与科学性的关系，以达到有效地传递设计文件的目的。版式设计的原则有如下几个。

（1）总图应按指北针朝上的方向来绘制。

（2）如果图纸在高度上有足够的空间，应将各层平面图和立面图在垂直方向上对齐排列。

（3）如果图纸在宽度上有足够的空间，应将各层剖面图和立面图在水平方向上对齐排列。

（4）详图和标注应该有序地成组布置。

（5）轴测图和透视图是统一整个版面的综合性图。

在版式设计中，最关键的是要保证文本形式与设计项目的主题及内容相协调，此外还要使文本体现出一定的秩序。秩序就是使复杂事物条理化、系统化、单纯化的手段。设计者可以通过比例、侧重、对比、衬托等手法，达到在多样中求统一、在变化中求和谐的艺术效果。

第四章 不同要素的景观设计实践

景观设计是一门综合性的复杂工作，在景观设计过程中，只有科学地兼顾各方面要素，才能表现统一协调的整体。景观设计的要素主要包括各种造型要素，如点、线、面、体、色彩、质感等，它们是景观设计的基础。同时，在实地考察和施工过程中，各种自然要素和人工要素都成为景观设计的重要方面。通常，景观设计的自然要素和人工要素主要包括地形、水体、园路、景观建筑、植物等。景观设计师需合理地安排和设计景观空间，才能满足人们生活的各种需求。

第一节　地形与铺装景观设计

一、地形设计

（一）地形概要

地形是一种外部环境地表元素，户外活动需要依据地形来开展，地形为设计中美的创造提供基本条件。地形多种多样，可以分为山地、谷地、丘陵、盆地、平原等。在景观设计中，地形有台地、斜坡、土丘、平地等几种类型。在更小的面积内，还可以在台阶或坡道的作用下，形成小地形或微地形，它们在水平面内的起伏都比较小。

地形对区域景观的影响体现在美学特征方面。因为地形为各种环境因素与环境外貌的呈现提供可能，它造成包括景观在内的微小气候变化、土地利用形式变化、排水方向等。地形对空间构成与空间感受造成影响，还会使景观的功能作用发生比较大的变化。除了前述影响以外，地形还影响着景观中其他自然设计要素发挥作用，一种地形条件下起主导作用的自然设计要素可能在另一种地形条件下就显得没那么重要了。这也表明了景观设计要素及其他要素在地形限制条件下产生的联系与依赖。

户外环境的基础是地形，地形起连接作用，将各种景观与空间连接在一起。平坦的地形有统一与协调的作用，不平坦的地形则起到分隔作用。

在地形条件作用下，户外环境受到的影响十分明显，在景观的任何一个部分，地形都是起基本结构作用的。在地形影响下，环境形态受到较大影响，而其他要素则被看作叠加在这构架表面的覆盖物。这也就说明，在设计之初的基址分析环节，对特定园址实现正确评估，就应该以分析研究地形为前提。在地形比较复杂的情况下，更应该这样做。进行基址地形的分析，对设计师掌握地形结构与方位发挥着重要作用。通过对基址的分析，风景园林师就能知道该如何保持用地、地形内在结构及其他因素的统一。

在地形影响下，其他设计因素及使用功能布局有了空间与铺垫，从而更好地构成户外空间。因此，在实际设计过程中，就应该从绘制基础图开始，再以原地形图为基础绘制功能分区图。功能分区图的绘制十分重要，不同的功能分区布局将让户外环境在序列、比例尺度，以及环境质量、主题特征等各个方面都发生比较大的变化。风景园林师应该具有良好的地形处理能力，其对地形的处理应该显得敏捷而熟练。

（二）地形的类型

风景园林师十分看重地形的作用，因为地形对人们的视觉影响显著，其功能特性也因地形而发生较大变化。景观由虚体与实体空间的连续组合形成，其中包含了各种各样的地形类别。

平坦地形是指在视觉上与水平面相平行的土地基面，如景观中的平坦草地、集散与交通广场、理想的建筑基地等。在客观方面，并不存在绝对的平坦地形。平坦地形显得十分稳定，没有了起伏波动而变得简洁，这样的地形使人在视觉上感觉平静、舒服，人们在其中能够开展各种各样的活动。不过，由于太过于开阔空敞，会形成暴露空间，没有私密性的感受，缺乏围合感。由于地形缺乏变化，长时间观看会造成疲乏，设计者常需要通过设置一定体量、色彩鲜明、造型夸张的构筑物等形成视觉焦点，来提升空间的趣味性，或布置具有延伸性和多向性的设计元素和构筑物以增加视觉冲击。平坦地形极为灵活、实用，具有许多潜在的观赏特性和功能作用，是既简单又可能极具挑战的地形。

凸地形是一种以制高点为中心并向四周缓慢下降的地形类型，丘陵、土丘、山峦都属于凸地形。凸地形构成了一种正向实体与负向空间，在这个空间中的被填充部分形成空间范围界限，视线因为受到凸地形的坡面及顶部影响而不能穿越。凸地形在设计上显示出比较鲜明的进行感与动态感，彰显了一种以力量主导的审美。

山脊地形从顶部观察是一种线性的地形，是一个显示出外倾特征的制高点，对户外空间有比较强的限定作用。也因为这个原因，山脊地形两侧的气候会有一定不同。山脊地形的终点都有比较好的景观视野效果，并具有良好的导向性，能将视线吸引及引导向山脊线前方。山脊地形具有动势感，山脊上大大小小的道路就像流动的水流，因此山脊地形就变成了流动要素设计的理想之地。山脊地形还可以充当分隔物，作为空间的边缘，将场地分割开，形成如分水岭的存在。山脊和山谷的大小和间距会直接影响景观的韵味。

凹地形是一种碗状洼地，由外向内逐渐降低。凹地形的形成方式有两种：一种是由于地面泥土被挖去一部分，形成凹地形；另一种是当两侧有凸地形时，凸地形的中间就变成了凹地形。凹地形的形成受到空间宽度、四周坡度及坡面高度的影响，其内向型特征保证了对外界干扰的隔绝。凹地形在视觉上的封闭性带来了比较强的私密感，可将人的注意力集中在其中心或底层。凹地形由于具备非常强的封闭性和内倾性，是理想的表演舞台的选址处。

谷地地形包含山脊地形和凹地形的双重特点，地貌特征较丰富，是具有方向性的线状低地。

（三）地形的影响作用

地形对景观设计的影响与作用表现在如下几个方面。

第一，地形使人感受户外环境与气氛的能力受到影响。

第二，地形直接影响了景观的美学特征与韵律。

第三，地形能控制视线，限制视野。

第四，地形的合理利用能实现良好的排水。园址地形设计中的排水与引流设计十分重要。为了便于排水，种植灌木的土地应该有一定的坡度，但这个坡度也不能太大，否则就易造成水土流失。一般坡度保持在 10% 以下，但坡度不能小于 1%，否则会出现积水现象。

第五，地形对风向、光照，以及降雨量都有影响。

第六，地形具有使用功能。实际经验表明，坡度越平缓（尽管不小于 1%），土地就越能够实现更多类型的开发。反之，坡度越大，就越不容易利用。

（四）地形的表现方式

等高线、明暗度和色彩、蓑状线、数字表示法、三维模型以及计算机图解法等是常用来描绘和计算地形的方法。

（五）地形设计的原则

第一，功能优先，造景并重。景观地形的塑造要符合各功能设施的需要。建筑用地，多为平地地形；水体用地，要调整好水底标高、水面标高和岸边标高；园路用地，则依山随势，灵活掌握，控制好最大纵坡、最小排水坡度等关键的地形要素。

第二，利用为主，改造为辅。尽量利用原有的自然地形、地貌，不动原有地形与现状植被。需要的话，可进行局部的、小范围的地形改造。

第三，因地制宜，顺应自然。地形塑造应因地制宜，就低挖池，就高堆山。园林建筑、道路等要顺应地形布置，少动土方。

第四，填挖结合，土方平衡。在地形改造中，使挖方工程量和填方工程量基本相等，即达到土方平衡。

（六）地形设计基本要求

第一，要根据总体设计确定的不同控制点高程进行地形设计。

第二，出于保护拟建公园内的土壤（包括原有自然土壤与农田耕作土壤），土方调配要合理利用原表层栽植土。在进行专项设计时，要考虑无法避免的表土破坏，这是进行地形设计时对公园地表进行全面处理必然出现的现象，因此这一章论述了对地表土进行保护的相关内容。大量使用原表层土壤进行植物栽植，有利于在较短时间内形成公园植物景观，并方便后期养护。

第三，栽植土层要达到一定厚度。当遇到一些非土壤介质时，如岩层、地下构筑物等，就要对栽植土层的厚度做重新设计，尽量满足植物生长的需要。

第四，人力剪草机修剪的草坪坡度不应大于25%。如果草坪准备使用机械进行修剪，那么就要将坡度限制在一个合理的范围内。小于25%的坡度能较好地运用各种剪草机械。

第五，大高差或大面积填方地段的设计标高，应计入当地土壤的自然沉降系数。设计时，要考虑当地土壤的自然沉降系数，使土壤沉降后满足要求。

第六，当地形坡度在土壤的自然安息角之外时，就应该对这些坡面进行加固，防止坡面被雨水冲刷或出现滑坡风险。根据土壤类型差异，其自然安息角大小也是不同的，因此采用的护坡措施也要有针对性。坡度较大时，可以直接砌挡土墙；坡度较小时则用栽植植被或自然山石堆叠的方式进行护坡。

第七，在无法利用自然排水的低洼地段，应设计地下排水管沟。

第八，原有管线之上的覆土加高要控制在合理范围内，过高的土层就容易导致探井加深，不利于检修与翻修的开展。但是，也不能过多剥离原管线上的覆土，否则会使地面压力压坏管线。尤其是在寒冷地区，容易将自来水管和污水管冻坏。地形改造后的原有各种管线的覆土深度，应符合有关标准的规定。

（七）地形设计处理要点

在景观设计中，广场、道路与建筑三大主要元素具有不同的地形，因而需要针对不同的地形分析不同的处理要点。

1. 广场的地形设计处理

针对广场进行的地形设计基本为竖向设计，在对广场展开竖向设计前，需要熟悉地形的变化趋势，从而进行地形的选择与利用。一般来说，广场的控制点就是相交道路中心线的相交点。在对广场进行地形设计时，需要注意两点：第一，广场的地面应避免不平整的起伏，要尽量保持横向上、纵向上的平整，这就要求在修建时要减少大填大挖的手段；第二，为了保证在广场内能看到周围的建筑物，以及方便排水，在广场的标高设计上，要求场内的标高低于周围建筑物的标高。

根据广场面积大小、形状、坡度、排水流向等，可以将广场的地形设计分为一面坡、两面坡、不规则斜坡和扭坡等。比如，一些在天然斜坡上进行修建的广场，就可以采用一面坡的处理方式，但广场的坡度要控制在2%以内。当广场的地形呈现出圆形时，就可以根据该地形进行盆形或覆盆形的设计，并根据不同的坡度进行排水的设计。若广场的地形呈矩形，就可以采用两面坡的处理方式，在广场中间设计一条脊线，其中坡度的走向应当与主干线的中线保持一致。

2. 道路的地形设计处理

道路是组成整体环境的重要元素，是由景观与路线两个部分共同决定的，要设计出自然且便于游览的道路，需要根据其地形进行以下处理。

首先，道路的地形设计要建立在自然地形的基础上，这种设计不是大规模改变原有地形，而是与原有地形有机结合。设计师在进行设计时可以对地形进行分析，找出地形的等高线并沿着该等高线进行道路的设计。

其次，需要对道路地表上的横截面进行设计处理。当道路位置处于挖方区内时，需要对道路两侧进行横截面的修饰，可以通过设计一些与周围建筑物具有相似特征的景物来实现。此外，无论是路堤型的道路设计，还是挖方型的道路设计，都尽量不要出现比较陡的坡度，岩石挖方这一特殊方式除外。

3. 建筑的地形设计处理

地形的特征对建筑物的修建具有很大的影响。正常情况下，对房屋等建筑物的修建都是在较为平缓、没有坡度的地面上进行的。因此，在有坡度的地形上的设计处理，具有一定的难度，需要进行相应的探讨。

首先，针对修建具有地形高差的建筑物，可以通过建造人工平台的方式来解决地形高度之间的差异。建造人工平台的主要手段可以有绿化带，进行绿化的斜坡、台阶及挡土墙等。

其次，在坡地上还可以进行阶梯式房屋与变层式房屋的设计。阶梯式房屋的修建可以有跌落单元式、阶梯走廊式和台阶式三种，不同类型的阶梯设计根据不同建筑地形的坡度来决定。一般来说，跌落单元式这种由许多高度相同的阶梯单元进行竖向错开的设计方式，适用于坡度在 7% ～ 17% 的地形，另外两种则应该修建在大于 25% 的坡地上。变层式房屋的修建则是通过顺着坡度进行长向设计，或采用斜交布置的方式。其中，屋面不采用楼层的设计，而是在同一个水平面上，其高度根据地形的高度而变化，形成一种错落有致的设计风格。这种设计处理有组合单元式、综合式等多种处理方式，灵活度较高，适用于所有坡地的建筑物设计。

二、竖向设计

（一）竖向设计概要

竖向设计是指在场地上进行垂直于水平面方向的布置和处理。具体到景观设计中，场地的竖向设计就是对不同景点、建筑物通过改变高低的方式来实现不同景观要素之间的和谐统一。竖向设计的出现就是为了开发较难利用的场地，最大限度地发挥所在场所的功能，各个景点设施和地貌景观之间达到一种协调。

竖向设计的具体实施，需要先对所在场地的地形条件进行一定的了解与分析，使改造后的场地更加符合建筑布置和排水的要求。竖向设计的主要内容有：对地形进行分析与研究，思考地形的改造，设计地面排水建筑，确定景点各建筑物的地面并设计各部分的高度等。

（二）竖向设计的原则

首先，竖向设计要针对不同用地使用需求进行设计，以满足不同的需求。例如，在高度的确立上，一般建筑物的高度都需要高于地坪高度，普通居民住宅的高度要保持在 30 厘米～ 60 厘米，而学校和医院等其他公共场所则要保证在 45 厘米～ 90 厘米之间。一些频繁涨水的地区还需要在普通标准上，适度调高其高度的设置。在坡度的设计上，广场和停车场等较大的公共场所，需要设计较为平缓的平台，其坡度有着较为严格的标准，要控制在 0.3% ～ 1.5%。其他区域如草坪等较小的区域，则没有这么严格的坡度要求，根据需求进行调整，一般在 0.3% ～ 10% 即可。

其次，竖向设计还需要考虑场地的排水设计，保证每个场地都能正常排水。因而在设计中，要尽量避免凹地的设计，可以通过控制地形坡度的方式实现，使其能够满足污水、雨水等的排放。面对一些难以改变的地形，可以通过设计锯齿形街沟来解决排水问题。

（三）竖向设计的具体措施

城市景观设计中的高差，通过设置坡道与台阶等，可以得到良好的处理。为了满足腿脚不便人群或幼儿的通行需求，就应该对坡道和台阶进行科学、严谨的设计，这也适用于居住区内的机动车道与非机动车道设计。

进行景观环境设计时，有些地方倾斜度或高差比较大，就应该设置一些阶梯。园林设计中台阶必不可少，设置台阶不仅有实用价值，还能为园林景观带来良好的美学价值。为了达到创造美学价值的目的，台阶设计的风格应该与其他通道的风格保持一致。

良好的坡道设计对园林地形高差的控制作用是显著的。在坡道设计上，将一般行走坡道的坡度控制在1∶10以内，将残疾人专用坡道的坡度控制在1∶12以内。

在面积稍大的庭院中，每9000毫米长或更短的坡道就应该设休息平台，坡道坡度不大于8.3%，若坡高在75毫米以内，坡道坡度可以取12%。主要用于行走的坡道，室内坡度为12.5%，室外坡度为10%，无障碍坡道坡度为8.3%。当建筑台阶少于两阶时，也可以做成坡道。大多数情况下，无论是单设坡道，还是坡道、台阶并存的庭院人行坡道，都应遵循上述标准。

真正意义的坡道一般是为了使残疾人能像正常人一样比较容易到达某些地方，供轮椅使用的坡道应设高度650毫米和850毫米的两道扶手，因此，一般坡道的坡度会比普通建筑坡道的坡度更缓和一些，要求在8.3%以下。

普通路面的排水坡度设置要考虑施工质量因素，应设定在1%～2%之间。即使是透水性路面，也应该考虑暴雨的影响，将排水坡度设定在1%左右。花砖路面、料石路面等应设置1%～2%的雨水排水坡度。渣土路面、黏土路面这样的未经过硬化处理的路面需要有2%～3%的排水坡度。草皮路面的排水坡度应保持在3%左右，任何普通路面都要有1%以上的排水坡度。

坡道设计的情况主要有三种：一种是人行道向非机动车道过渡的坡道，一种是通往地下设施的坡道，还有一种是建筑入口处的坡道。在一些环境（如园林、广场、步行商业街）中，人们会更喜欢通过坡道通行，楼梯会让人行走起来比较累。

三、铺装设计

（一）铺装的概念

铺装主要包含两种类型：一种是硬质铺装，另一种是软质铺装。硬质铺装是主要用石板、砖、混凝土、鹅卵石、碎石等材料完成的人工铺装。软质铺装主要由绿化来配置铺装，是景观环境特色的决定性因素之一。常见的铺装是为了满足景观环境营造中通行、运动、游玩、休憩等功能而进行的硬质地面铺装。

铺装应具有耐损、防滑、防尘、排水等特性，并以其功能性、导向性和装饰性服务于整体景观环境。铺装一直在发展，最开始只是为了满足人们对空间功能的需要，这样的铺装显得比较乏味单调。经过不断发展，铺装逐渐变得适合人们的心理需要，对人们的心理感受有所满足，形式变得越来越多样化。在各种各样的铺装材料与工艺技术的加持下，铺装无论是在色彩、质感，还是在形式上，都发生了比较大的变化，变得更为多样、更加优美，彰显出韵律之美与律动感。在将一些带有特殊含义的纹样、符号加入铺装中以后，铺装便具有了独特的地域特征与文化意义。

（二）铺装的地位

在城市建设中，可持续发展思想与人本主义思想得到普遍贯彻。城市建设越来越多地使用了景观艺术，以期推动城市建设的进步。因此，城市中的铺装设计已经发生了实质性变化。传统的铺装技术无法满足城市街道设计的需要，对城市建设来讲已经落后了。设计者及心理学家对城市地面普遍缺乏人文关怀和个性的状况提出了尖锐的批评。色彩千篇一律、表面质感单一的沥青路面和水泥混凝土路面，会带给人单调乏味甚至沉闷压抑的心理感受。于是，人们开始将各种创新的铺装材料与施工工艺运用到铺装设计上，实现对路面的美化。这种新的铺装创造出了不一样的艺术美学体验，在色彩变化、质感提升、构形等方面变得越来越有吸引力。其象征意义也更加明显，更加具有个性与生命力。这样的地面铺装本身也就成为一种景观。

城市街道是连接与沟通城市空间的重要通道，城市居民的许多活动也是在城市街道空间中进行的。人的视觉为了看清行走路线，需要将视轴线向下偏转，角度大概为 10°，这样人在行走时就只能看见路面及街道上的动态，对建筑物的观察也仅限于底层。从这个角度来看，人们在心理、视觉上接触最高的是城市底界面，这个界面在城市街路空间中占有更加重要的地位，因而要保证其环境质量。

（三）铺装的作用

铺装的使用功能是最基本的功能，除了使用功能以外，也可以在色彩、质感和构形等方面做特殊处理，这样路面就有了更高的辨识度。利用铺装可以将交通线路按照其使用性质的不同进行明确划分，有利于保持良好的交通秩序。加强人车之间的拦阻，给人以方向感和方位感，在一定程度上缓解视觉疲劳，创造良好的视觉连续感，从而进一步提高道路交通的安全性能。

铺装在街路环境景观中占有极其重要的地位，是改善街路空间环境最直接、最有效的手段。铺装强烈的视觉效果给人们留下深刻的印象，实现了人们对美更高的需求。铺装能让人感觉更加舒适，让街道变得富有人情味，让人可以将更多时间花在欣赏街道上的风景上，也为人们开展多种多样的公共活动创造了良好条件。

铺装的作用主要体现在以下四点。

第一，良好的铺装能丰富空间层次，并且呈现条理性，让景观环境看起来更加优美，处在其中的人也会感受到这种美。

第二，铺装与环境保持协调关系，让城市空间的底界面得到美化，让城市景观富有条理性。

第三，铺装与地方特色结合在一起，使居住在城市中的人感到亲切自然，让城市生活富有魅力。

第四，推行铺装的生态化，让环境得到美化，让可持续发展理念得到贯彻，实现居民身心的健康发展。

（四）铺装的设计手法

1. 构形

（1）构形的基本设计手法

①轴。我国传统设计思想十分看重轴线，它构成形的对称关系。故宫这样的大体量建筑是对称的，北方小的四合院也是对称的，像这样对称的景观很多。轴线处在空间与形式的中心，轴线两侧的布置可以是条理清晰的，也可以是不太规则的。有时候，能够从空间布局中清楚地看出轴线形态，让人从视觉上感受到秩序与方向的存在；有时候，轴线又是看不太明确的，这样的轴线只有通过人的感

觉才能发现，人在感受中获得对空间的准确认识，使空间变得容易被人解读。

②重心。重心可以理解为人在观察事物时心理上产生的均衡感。景观环境的主题通常与重心的位置与形态联系起来。景观环境的重心既可以是平面的中心，又可以偏离中心而存在。但无论重心在何处，都会将人们的视线引向这个点，也同时让人拥有心理支撑。重心与轴线都是铺装构形设计中必不可少的设计手法，铺装规模越小，越需要构建一个围绕重心的构图形式，来将空间环境的主题凸显出来，帮助人们获得对景观环境的深刻认识。

（2）构形的个性化设计

将象征与隐喻这两种手法运用到乡土气息与文化传统的表现上来，让人产生联想与想象。在这个过程中，一方面人们会认同设计，另一方面人们也会对设计感到更加亲切，从而让铺装构形设计彰显个性。我国这些年来在广场铺地中有一些比较成功的例子，就像西安钟鼓楼广场在地面设计上将历史文脉融入其中，以方格网的形式构成地面的绿地与铺装图案，这是对城市规整格局的一种隐喻。钟鼓楼广场成为市民休闲、娱乐的场所，以及展示钟楼、鼓楼完整形象的舞台，是西安市城市规划、古城保护的杰作。

此外，图案、文字、符号等也会作为铺装的构形设计细节来使用，这样便能创造颇具独特性的空间。日本的景观铺装就经常把彩绘地砖、金属浮雕、石浮雕、石料镶嵌图案、地砖镶嵌图案等嵌入铺装面中，或利用表面涂敷技术在铺装面中形成各种图案。因此，铺装设计呈现出趣味性与装饰之美，在这些铺装上既能看到独特的地方文化表现，又能看到某些标志性语言的运用，有时作为一种道路指示标志物。在人们的注视下，这些空间具有了相当的文化意蕴，环境因此也有了可供人们玩味的部分，创造出独具魅力的区域特征。

2. 纹样

在铺装中使用纹样有很长的历史，将纹样用在铺装上使得路面的装饰效果增强，不同的场所使用纹样作为铺装的样式也是有一定区别的。路面用砖铺成直线或平行线，给人的视觉体验更好。并且，直线的功能也是各异的，有的直线拓宽了人们的视野，让空间看起来更为开阔，但有的直线能够带来空间方向感的增强。

图案可以分为两种，一种是自然形图案，另一种是几何形图案。自然形图案包括动物、植物、人物、自然景物等；几何形图案以几何形状，如方形、圆形、三角形、菱形、多边形等为基本内容。图案中的纹样有单独纹样和连续纹样两大类。单独纹样有适合纹样、角纹样和边缘纹样三种。单独纹样根据组织结构又分为规则和不规则两种：直立式、辐射式、转换式、回旋式等属于规则形的，平衡的结构是不规则形的。连续纹样主要有二方连续和四方连续两类：二方连续纹样的基本结构可分为散点式、折线式、直立式、斜行式、波状式、几何式等；四方连续纹样一般可分为散点纹样、连缀纹样、重叠纹样等。

中国传统砖石常常铺成草席纹、回纹、人字纹、斗纹、冰裂纹、乱石纹等图案，其中有些是规则的，有些是不规则的。民间也有采用莲花纹、海棠纹等雕花砖铺砌的道路，在装饰意义之外，寄予了人们对生活美好的期盼。也有一些铺装直接使用雕花板材的，这些特质的板材雕刻着各种各样的内容，如人物、花鸟、民间故事等，这样的铺装很能体现中国文化特色，让人眼前一亮。在我国古代民间的铺装图案中，“暗八仙”图案也是十分重要的，它们采用隐喻、象征的手法，将原本的人物隐藏掉，只出现仙人所持的器物。人们经常会在铺装中看到这样的图案，这些都是古人对于未来生活的美好祝福。

3. 尺度

尺度是用于描述空间或物体规格的概念，在设计中得到良好应用。城市设计中的尺度概念在人类可感知的范围内适用，且这一尺度通常分为三类：一是以人为度量单位的人体尺度，看重人的心理反应，作为基本标准用于空间的评价；二是可容少数人或团体活动的小尺度，如小绿地、小公园等，这些小尺度度量起来比较容易，能够让人感到舒适、亲切和安全；三是具有纪念性质的大尺度，在某种程度上人们无法确定它的具体大小，常见的大草坪、纪念性广场等就是这样的，使人在视觉上产生一种威严的感觉，影响人的感情与行为。

任何一项具体的铺装设计工程都有自己独特的使用功能，因而在设计上的思想也就存在差异，还会根据周围环境风格的变化而变化。无论是商业步行街、生活性街道、商业广场，还是儿童广场、娱乐休闲广场、园林等，都要遵循以人为本的设计原则进行铺装设计，以人体尺度或小尺度为优先选择的尺度对象。这样的尺度最适合给人带来良好的体验，人们在这样的铺装环境下会感到十分舒适，能吸引更多人到这里来开展各种各样的活动。遵循以人为本的原则也不是要完全将大尺度抛开，要在大尺度基础上构建小尺度的铺装设计，这是现代化城市设计的需要，也符合社会发展的需要。原因有四点：第一，大尺度的道路空间并不意味着人对城市空间拥有权的丧失，设计的前提是要保障足够的城市公共生活空间；第二，现代城市仍然存在一些政治色彩比较浓的场所，如市政广场、纪念广场等，采用大尺度的设计可以突出庄严肃穆、宏伟壮观；第三，现代城市摩天大楼林立，在这些地点采用大尺度的处理手法，可以加强城市空间的开敞性，不会使人产生压迫感，同时突出时代特色；第四，城市中的空间尺度，有大有小，相互掺杂组合，既有对比性，又体现出一种吸引力。

铺装中需要根据场地的尺度来进行设计的部分包括路面砌块的大小、砌缝的设计、色彩和质感等，还要将上述因素与各种尺度保持协调。在很多时候，大尺度场地应该适当放松对铺装质感的限制，采用比小尺度场地更粗的纹样，而小尺度场地则正好相反。不合适的铺装材料放在不合适的铺装区域内会显得格格不入，如小体量的铺装材料铺设在面积大的区域里就会显得比实际尺寸小。

4. 高差

铺装中要注意对高差的处理，增加景观的层次性。不同的高差构建出来的景观环境空间存在差异与分割，对减少不同区域的干扰有较大好处。采用铺装实现对高差的处理，能够为人的行走提供安全保障，或者给人营造不同的环境感受。例如，在地势较低的地方，人们会有围合、隐蔽、私密、安全的感受；在地势较高的地方，人们会有超然、开阔、兴奋的感受。

除此之外，任何场所都潜藏着隐形的基准线，人可或高或低于基准线。高于或低于基准线所产生的心理感受各有不同。高于此线，会产生优越感和权威感；低于此线，则会产生亲切感和保护感。通过地面的下沉或者抬升，都可以限定出相对独立的活动空间，营造场所的安全感和归属感。不过，尽管都能限定空间，但人体感受各不相同。通常而言，高处使人产生兴奋、开心、开阔、豁达及眩晕等感觉，而低处则使人产生安全、温暖、幽闭等感觉。合理统筹人的心理效应，协调好高差处理，可更好达到铺装的效果，满足不同人群的需求。

5. 边界

边界作为一种视觉形态要素，主要用于对空间进行界定与区别。边界的形成需要利用路缘石、隔离桩，以及色彩、构形、质感的变化来实现，这样的边界在人心中显得更加鲜明，对人来说也是一种心理暗示。边界不光是鲜明的，也可以是模糊的，一个模糊的边界能够让两个衔接在一起的不同环境空间实现自然过渡，不会给人留下空间过渡的生硬感。这样的模糊性边界经常在铺装与绿化结合的情况下使用，甚至能抵消自然环境与人工环境结合的不和谐。总之，灵活地进行边界处理是铺装设计中非常重要的部分，这样的边界处理将让铺装给人带来更好的视觉体验。

突显铺装效果的方法有很多，可以利用光影变化下肌理发生的变化来丰富铺装的效果。我国的古典园林是较早使用各色卵石、石片进行铺装设计的，在有规律地排列这些铺装材料的基础上，就得到了在视觉上有不同特点的铺装效果，尤其在阳光照射角度变化的过程中会出现各不相同的阴影效果。在城市的人行步道等处，多使用预制混凝土砌块铺地，其铺装的装饰效果体现在对砌块表面的利用上，砌块表面因为有各种条纹，只要按一定规则进行排列，就能得到良好的铺装效果，增强路面的表现力。在不增加材料的情况下，就能达到装饰目的，且铺装过程相对简单，铺装成本较低，具有较好的防滑性能，可谓一举多得。

（五）园路铺装

在铺装设计中，园路铺装是最常见的一种，也是铺装景观应用中最为广泛的一类。因此，下面针对园路铺装的主要功能、分类及其具体设计等各方面进行论述。

1. 园路铺装的主要功能

与城市中的主要公共道路不同，园路的设置场所主要是在城市绿化场所。园路的主要功能除了供人们休闲散步以外，还具有构成景观整体结构的作用。因此，除了便于实用之外，园路的设计还具有三个功能与作用：一是能够规划游客观赏庭园的游览路线，引导游客更好地进行游园；二是可以使整个景观空间的各个区域通过园路连接起来，形成一个整体；三是可以构成一个完整的路线系统。

2. 园路铺装的分类

园路根据宽度的不同，可以分为主路与副路。一般来说，公园中的主要道路用来连接城市或公园的街道，其宽度为 5 米～ 7 米，车行道的宽度则保持在 2.4 米～ 6 米之间，人行道的宽度则为 1.5 米～ 3 米，这些都是园路中的主路；庭园中的园路相对来说要窄一些，通常其车道保持在 2.4 米～ 3 米之间，人行道分为两种，主路的宽度为 1 米，副路的宽度则为 0.6 米～ 0.75 米，仅供单人或两人并肩行走。

3. 园路铺装的设计

对园路的设计主要可以分为路线的设计、路形的设计、倾斜度的设计与路面的排水设计。

首先是园路的路线设计，与其他公共道路不同，园路的路线不需要遵循实用性的原则，而是以休闲性与舒适性为前提。要设计出能帮助游客进行最佳游览路线的园路，需要注意三点：一是要顺应地形的变化，根据园中设施与景点的变化而变换路线的设计，使游客产生不同的观赏体验；二是在设计时，若遇到原有景点或树木等障碍阻挡园路的修建，应该保留景观中的原有设施，对其进行绕行处理；三是要站在游客的角度上进行考虑，发挥园内景观的最佳观赏效果。

其次是对园路路形的设计，一般来说，园路路形可分为直线园路与曲线园路两种。

直线园路具有简单直接的特点，能够产生一种端正美，在视觉上起到延长人的视线的作用。在进行园路的直线设计时，需要注意两个方面：一是在使用方面，直线园路通常在车道或一些较为规整庭园的入口处进行设置，以实现行走的便利性；二是在一些主要建筑物或纪念碑、雕像等具有庄重氛围的景点前面，需要采用直线且宽阔的园路，以呈现出恢宏的气势。

曲线园路因其曲折性，具有一定的自然美感与浪漫性，在庭园中往往起到装饰作用。对园路进行曲线设计，需要注意三点：一是曲线园路往往用于地形差异较大的庭园设计；二是为了营造出幽静典雅的氛围，曲线园路通常设置在一些假山、树林等较为深邃的入口处；三是在设计中，要避免一些较为尖锐的波浪曲线道路，若实在无法避免，可以通过在尖锐处种植树木的方式来解决；四是园路与建筑物相连时，尽量采用外弧线的方式进行连接，不能使园路与建筑产生斜交叉的情况。

第三是倾斜度的设计。倾斜度也就是坡度，通常情况下，普通园路的倾斜度保持在纵坡的 0.3% ～ 8%，横坡的坡度则保持在 1.5% ～ 3.5%。在具体设计中，倾斜度又可以根据其材质与使用情况的不同进行调整。水泥混凝土、沥青、块石、碎砖、卵石等不同路面材质的倾斜度是不同的，跑步小道、自行车道与广场、停车场的道路倾斜度也不同。

最后，园路设计还需要保证路面良好的排水。除去一些较为狭窄的园路以外，普通园路的道路两旁都应该设置一定的排水装置。一般来说，排水装置可以分为明沟和暗沟两类，根据路面景点的不同而定。

第二节　理水景观设计

自然界中的水形式多种多样，在人们心中有着不同的审美特质。从古至今，以水为表现手段的艺术创作很多，实现了自然事物的艺术化融合。人们有着不同的审美需求，按照自己的审美需求对自然水体进行改造，或直接创造人工水体，实现对自身生活环境的美化，被称为理水造景艺术。我国祖先独创了中国式理水技法，展现了浓郁的东方特色。中国式理水技法，曾对亚欧各国的园林水景构建有过重大影响。

我国的园林造景以静态水面为主，不同于西方园林动态水形的理水造景，水波不兴的湖面自带一种稳定之美、静谧之美、洁净之美。清代杭州有一座叫作鉴止水园的宅院，“鉴”就是观赏的意思，“止水”就是看起来不流动的水。所谓“清池涵月，洗出千家烟雨”就是这样，也体现了园主钟爱以静水造景。这也应和了陈从周先生所言：“凡是成功的园林，都能注意水的应用，正如一个美女一样，那一双秋波是最迷人的地方。”

一、水景设计类型

景观设计中的水景设计，可以根据水体的状态、功能、水性与风格等不同的划分方式进行分类。

（一）静态与动态

根据水景设计中水体的状态及其功能的不同，可以分为静态水景与动态水景两大类。其中，静态水景是一些相对静止流动的水面景观。根据规模大小再进行细分，还可分为大型水面、中小型水面与景观泳池三种类型。大型水面主要包括天然湖泊与人工湖；中小型水面则为一些公园的水景和较小的水体；景观泳池则包括人造沙滩和规则游泳池。动态水景是指一些以流动形式呈现的水体，根据流动状态的不同，可以分为流水、落水与喷水三种。其中，流水是流动较为平缓的一种，主要为一些大型河流或中小型河流。落水的流动速度相较于流水较快，流动状态也较为激烈，通常可分为水帘、瀑布和跌水等。喷水则是流动状态最为激烈的一种动态水景，可以分为单喷、组合喷水与复合喷水三种类型，其中组合喷水与复合喷水是单喷的多种组合状态。

（二）规则式、自然式与混合式

根据水景的水形与风格，可以分为规则式水体、自然式水体与混合式水体三种。其中，规则式水体是一种较为规整的水景，其特点是对称整齐，规则式水体的形状多为一些几何图形，具有一定的秩序感，常用于水池、运河等水景设计。自然式水体是通过模仿自然形态而形成的，其水体的轮廓较为曲折，形态变化多样，设计自由灵活。通常以人造湖、池塘和溪涧等水景为代表。混合式水体是自然式与规则式的结合，通常在整体形状上采用规则的轮廓，在局部设施上又采用灵活的自然水体，混合式水体兼具自然式水体与规则式水体的优势与特点。

二、水景的功能

理水造景不像建筑营建那样需要花费很多的人力与物力，也不像花木那样需要精心培育和管理，只要稍加人工整理，即可收到艺术效果。因此，理水造景是造园中极为经济和容易奏效的手段，能够大量创造符合人们心理预期的景观，这也是我国古代造园家最常用的造园手段。

园林水体具有许多方面的功能与作用，概括起来大致有倒影作用、造景作用、基底作用、系带作用、焦点作用，以及调节微气候的作用。下面，主要针对其倒影作用、造景作用、基底作用、系带作用、焦点作用进行论述。

（一）倒影作用

倒影而成的水中画面与形成倒影的事物本身构成了一种半有半无、似实而虚的存在关系，让人着迷。倒影要在风景的构图中运用得恰到好处，最重要的就是要让产生倒影的岸边景物得到良好布置，只有别出心裁地布置岸边景物，才可以拥有理想的倒影效果。承德避暑山庄水心榭的倒影，就是典型案例。三座形式各异的凉亭架于石堤之上，宛如画舫凌于碧波。亭影入湖，水面因之色彩斑斓，与蓝天、白云的倒影共同组成一幅优美的画面，犹如水中别有洞天。金山倒影，俨然似水中宫殿，连离园约五千米外的棒槌山峰也倒映在这幅天然图画中，令人心旷神怡。

（二）造景作用

1. 水面动物造景

“俯视澄波，潜鳞涵泳”，清澈的湖水，为创造以鱼、水禽为主题的动物造景提供了极好的条件。苏州沧浪亭复廊东面尽头处有方亭一座，名曰“观鱼处”，俗称“钓鱼台”，三面环水，纳凉观鱼，最为相宜。正如《观鱼处》中所写的那样：“行到观鱼处，澄澄洗我心。浮沉无定影，谗濡有微音。风占藕花落，烟笼溪水深。濠梁何必远，此乐一为寻。”凡中国园林，在水面某处都辟有观鱼景处：无锡寄畅园池中心一侧有水榭曰“知鱼槛”；上海豫园有“鱼乐榭”，跨于溪流之上；苏州留园池水东侧有“濠濮亭”，三面环水；杭州西湖东南端有“花巷观鱼”。这些都是著名的观鱼景观。

2. 水生植物造景

“绿盖红冠塞水滨，风前雨后越精神。”将水生植物运用在水景创造上，能实现对水面的美化，让园林景观变得越发生动。就拿承德避暑山庄来讲，该山庄拥有较为宽广的水体，其中种植了数种水生植物，如荷花、芦苇、菱角等，这些水生植物与其他景观良好配合，提升了景观的审美水平。水生植物中备受人们青睐的是荷花。承德避暑山庄有多处观赏荷花的景点，而且每处都各有特色。“曲水荷香”景点，主要观赏红莲；“远近泉声”景点，主要观赏白莲，“前后池塘，白莲万朵，花芬泉响，直入庐山胜境矣”。荷花不仅以它的物理属性受人喜爱，而且以它的精神属性受人颂扬，因而在古代文人所构筑的私家园林中，每每格外受到园主的青睐。

（三）基底作用

水面具有视野开阔的特点，因而对河岸的岸畔与水中的景观来说，具有托浮的基底作用。尽管水景中的水面不如自然的山河湖海一般广阔，却依然在整个水景空间中具有面的感觉。因此，水的这种基底作用可以为水中的景物提供支撑，使其产生倒影，在视觉上起到扩大和丰富空间的效果。以西班牙的阿尔罕布拉宫中的庭院为例，该庭院就是利用水景的基底作用，使城堡显得更加丰富、立体与完整。

（四）系带作用

系带作用是指水面能够将不同的园林空间，以及空间内的景点以系带的方式连接起来，呈现出一种整体的美感，这是水景的线型系带作用。此外，将水视作一种将散落四周的景点统一起来的关联性因素，也是体现出水景的面型系带作用。许多现代公园在进行水景的景观设计时，往往会将许多景点建立在水边，要么直接伸向水面，要么环绕水而建，这种水面将景点连接起来的方式，使得整个景观宛若一条串联起来的翡翠项链。

（五）焦点作用

水景具有焦点作用主要是因为喷泉和瀑布等动态形式的水，往往会以喷涌、溅落的方式吸引人们的目光。要发挥水景的焦点作用，就需要在设计时安排好水景与环境之间尺度与比例的关系。此外，还需要设计好水景应该所处的位置。一般来说，为了使水景成为焦点，通常会将其设置在空间的焦点、轴线的相交处，或者安排在整个空间中较为醒目的地方。具有焦点作用的水景有喷泉、瀑布、水墙、水帘等。

三、理水艺术手法

综观中国园林的艺术，自然园林的水面往往比较大，因而看重整体布局的自然和谐，皇家园林也采取相仿的布局手段。但是，对那些水体面积较小的私家园林来讲，其理水布局一般更看重细节的把握与打造。虽然各种园林有着各不相同的面积，在理水艺术上的个性特征也不相同，但还是可以归纳出六大共同属性。

（一）园林之水，首在寻源

“问渠那得清如许，为有源头活水来。”一潭水要保持活性，就必须源源不断地注入活水，园林中的水也要活水才行，且活的源头是活水形成的关键。正如陈从周先生在《说园》中所写：“山贵有脉，水贵有源，脉理贯通，全园生动。”源源不断的活水来源构成了园林水体的生命力，这些活水水源大都是河流或湖泊。我国古代造园思想中已经包含关于解决园林水源问题的独特办法。杜甫的名句“名园依绿水”，正是古代造园经验的结晶。秦始皇建咸阳宫，引渭水、樊川之水，作为园林的活水源。杜牧的《阿房宫赋》中说“二川溶溶，流入宫墙”，即指引渭水和樊川之水入宫墙之事。无锡寄畅园锦汇漪之水，来自惠山二泉，常年不枯。杭州玉泉被设计成整形水池，水源来自泉水。园林有了有源之水后，才算得上构建成功。

（二）园林之水，贵在曲折

正如清代著名画家恽寿平在《南田画跋》中说的“境贵乎深，不曲不深也”，园林的水面切忌做成正方形、长方形、圆形、椭圆形等几何形状，以免呆板乏味。苏州怡园全园面积不过6000多平方米，水面却占全园的三分之一，舍得用这么大的面积来构筑水景，可见设计者对水的重视。然而水面处理成近正方形，就使水景缺乏幽深曲折感，正如陈从周先生在《说园》中所说：“水不在深，妙于曲折。”因为只有“萦纡非一曲”，才能达到“意态如千里”的艺术效果。

构成水体曲折深度有以下三个条件。

1. 藏源

藏源是将水体的源头进行隐蔽处理，用石头覆盖或隐于溪瀑。例如，南京瞻园中水体就藏源溪瀑。

2. 引流

引流就是引导水体在空间中逐步展开，采用弯弯曲曲的形态设计，利用水体本身的美来造景，连通形成溪湾、古涧、水谷、湖池、泉瀑等不同的水景，并用亭榭、假山、花木作衬托。这样就可以让水体在全园中布置，使水景更有层次。

3. 集散

所谓集散，就是要将水面进行适度的开合与穿插，既要展现水体主景空间，又要引申水体的深度，避免水面的单调与呆板。例如，无锡寄畅园中的水体如果不加修饰，给人的感觉就是简单的矩形水面，但是设计者在合理布置桥梁、堤岸后，使得这片水面变得不再单调，变得富于变化，有时藏隐，有时开合，水体空间因此而多变。

（三）园林之水，妙在分隔

中国传统园林水体的分隔造就了成功的园林水体景观形态。例如，承德避暑山庄的水体被芝径云堤等分隔成六个大小与形状不一的湖面；杭州西湖的水面通过白堤、苏堤等分割，形成了大大小小五个水面；苏州拙政园中的水体在东、中、西三园中都存在，其中每个园子里又用桥、堤、廊等对水体进行再分隔，水体层次的景观效果显得更为出彩。

（四）在较大的水域中构筑若干个中心岛

中国园林在水体的处理上向来就有水中筑岛的习惯，即所谓“一池三山”。最典型的当数杭州西湖，在最大的外湖湖面构筑有大小不一的三个人工岛——三潭印月、湖心亭、阮公墩。只有这样，才能使水面多姿多彩，而不至于一览无余。

（五）非必丝与竹，山水有清音

园林的景观营建中，采用各种各样的布置手法，就能让水体发出各种声音，给参观的游人带来美的听觉享受，同时也能创造良好的视觉观赏体验。

（六）建筑贵从水面

“建筑贵从水面”，这是计成在《园冶》中的话，讲的是水体与建筑的关系。两者若结合得好，便可以相互借景，相辅相成。论水体与建筑的关系，大致有三种情形：水面包围建筑群、建筑群环抱水面和水体穿插在建筑空间之中。

四、静水营建

（一）静水营建的类型

景观设计中的静水营建由不同的依据可以有不同的分类。其中，根据水景的平面变化状态，可以分为自然式与规则式；根据营建的方式，可以分为下沉式、台地式、嵌入式、溢流式、平满式五种。

首先是自然式与规则式的分类。自然式静水的营建前面已经提到过，主要是对自然的一种模仿与再现，其风格呈现出灵活多变的特点。自然式静水以水池居多，其类型又可细分为小型的、较大的、狭长的自然式水池。其中，小型水池的形状及其池内的装饰都应该以简单为主，因为小型水池的空间较小，若装点过多，就会显得过于拥挤，失去意境美。较大的水池中的装饰物应当有一个较为突出的主体装饰，其余角落则分布次要装饰，呈现出“聚为主、分为辅”的特点。狭长的水池在设计时要注意曲线的形态变化，以呈现出曲线美，也要注意其大小与宽窄的变化。狭长的水池若设计过大的宽度，可能会变成河流，失去其本身的特性。规则式水体的营建前面已经论述过，此处不再赘述。

其次，根据营建形式的分类主要有五种。其中，下沉式水池是根据较为下沉的地势特点修建的，一般通过周围较高地势环绕中心较低地势修建而成，下沉式水池可以给人不同的观赏体验，站在四周可以俯视水景，站在水池边又可以仰视四周的景物与建筑；台地式水池的营建与下沉式水池恰好相反，将水池进行抬高，是一种四周低、水池所在平面高的设计方式；嵌入式水池是通过水池将室内外进行连接的方式，营造出空间的连续感，一般常用于公共场所或一些私人别墅；溢流式水池是通过水在池边溢满落下的滚动式水池的方式，营造出一种动态的落水效果，水池边通常有圆形、直线与斜坡等几种平台；平满式水池的设计通常与地面高度相齐，水池呈现出蓄满的状态，给人快要溢出的感觉，通常设置于一些典雅宁静的公共场所。

（二）静水营建的基本应用原则

1. 规则式静水的应用原则

规则式静水营建的主要目的是在城市景观设计中营造出宁静的氛围，其具有线条清晰分明、形状规整统一的特点，具有浓郁的现代气息，也有助于景观空间层次的拓展。因此，规则式静水的设计需要注意以下四点。

第一，水池面积的确立要合理适宜，要与庭园或整个环境空间的面积进行比例上的适配，过于大的面积会显得单调散漫，面积过小又会造成狭窄闭塞的效果。总之，水池的大小规划要根据整体空间适当安排，要能给人以合适的空间张力。

第二，规则式静水池兼具静态与规整的特点，因而可以用作倒影，通过映射天空或水边景物、建筑物的方式，来使景观层次得到丰富。因此，静态水体的营建在水面的清洁度、水面的距离、水池的方位、人的观赏角度等方面都是需要考虑到的重要因素。水池的长度与宽度通常根据倒影物体的大小来调整设计。

第三，针对一些较浅的水景池，可在池底通过种植植物、增加图案或一些其他的材料的方式，来提升整体的视觉趣味。需要注意的是，在增添植物、图案等装饰物的时候，也需要遵循规则性水体的原则，以保持整体风格的统一。

第四，在水池的四周还可以通过铺装草坪、地坪的建设来增加美观性，在修建时，地面可以向水池的一侧倾斜。也可以修建一些独具创意的构筑物与水池进行搭配。

2. 自然式静水的应用原则

自然式静水是通过再现和模仿自然界的方式而来的，因而强调天然性与自然变化，具有不规则的特点，能为整体景观增添一丝悠闲与趣味性，还可以将不同区域的景观联系起来，产生串联感。由于自然式静水具有以上几个特点与作用，因此在进行设计时需要注意以下五个要点。

第一，由于自然式静水的设计灵感多来自大自然，为了保证自然式静水能呈现出天然的景观效果，其水池的形状、大小、材料与构筑方法不能是一成不变的，要根据地形、地貌等环境特点的不同而变化。

第二，设计师在进行设计时，要时刻保持创新意识，避免单调死板的设计。应多从自然的山、河、湖、海中进行灵感的汲取。除了水池的形状以外，水池四周的构筑、植物的配置及其他附属景物的运用，都应该遵循自由灵活这一原则。

第三，自然式静水的深度应当根据规模与面积的大小而调整。一般来说，较小面积水池的深度在 50 ～ 100 厘米为宜。其他面积较大的水池则根据面积的大小进行适当增加。

第四，自然式水池除了具备观赏作用外，还可用于游泳、休息、娱乐等业余休闲活动。因此，在进行设计时，应根据不同的业余活动需求，以配备相应的设施及器具。

第五，自然式静水的设计就是通过人造的方式，还原出自然景观的效果，因而在设计中要尽可能地避免出现人为制造的痕迹，避免有失自然的效果出现。

五、动水营建

动水营建是与静水营建相对应的，也是水景设计中的重要组成部分。在景观设计中，动水营建主要分为流水、落水与喷泉三种形式，不同形式有着不同的特点与设计原则，下面将针对这些特点与原则分别进行阐述。

（一）动水营建的类型

1. 流水

城市中的流水景观设计虽然以再现自然流水为主要目的，却不会像自然河流一样难以控制流水的坡度与速度。景观设计中的流水往往受槽沟的限制，使流水形成较平缓的斜坡，有时也会与瀑布等水景进行相连。虽然景观中的流水在坡度与速度上较为平缓，其动态美却没有丢失。可以说，景观水流中以一种可控的方式进行动态美的展现，因而形成独特的现代景观。

流水的特性往往根据坡度、槽沟的大小而呈现出多样的状态。槽沟的宽度及深度比较稳定，流水就呈现出平缓稳定的状态，这种平缓的流水可用于一些宁静悠闲的景观环境中。相反，槽沟不稳定，且底部的坡度差异也较大的话，流水就容易形成涡流。

在景观设计的流水中，有一类较为特殊的流水，即有水道的外形但没有水流的枯水流。这种枯水流的设计通常是用以模仿河流暂时干枯的现象，在河底放置石子，就会给人如两山之间峡谷的感觉。在雨季，枯水流因为雨水的降落，有可能会积蓄成真的河流，这时要对河流堤岸的构造进行加固。

2. 落水

落水是一种将自然水或人工水聚集在一起，再使其通过从高处落下的方式，营造出的垂直水带景观。在城市景观设计中，落水常因水位的落差而呈现出动态美，成为景观空间中的视觉焦点。落水是城市水景中常用的一种营建形式，主要可分为瀑布、跌水、溢流、泻流、管流、滚槛、壁泉等多种形式。

其中，瀑布是落水中最常见、种类最多的一种。根据变化形式，又可细分为自然式瀑布、规则式瀑布、斜坡瀑布与枯瀑布，每一种都呈现出不同的风格特色。

跌水是瀑布的一种变形，与瀑布不同的是，跌水是以有规律的阶梯式落水的形式呈现，具有一定的节奏感。通常根据数量不同，又可分为单跌、三跌、五跌、多跌等，根据坡度又可分为陡跌、平缓跌与坡跌。

溢流则是一种池水溢满而呈现出往外流的落水状态，溢流的落水形态根据水池的高度、形状与层次的不同而呈现不同的景象。如直落而下的就是溢流瀑布，按照一定的阶梯溢出的则是跌水溢流。

管流是指一种水从管状物中流出的动态水景。这种设计方式的灵感源于古时的山野村落中，人们通过空心的竹竿，将山中泉水引为自己所用。在现代景观设计中，这种管道主要以水泥为材质来进行制作。管道可大可小，大的如沟槽，小的如管，以形成形态多样的管流景观。

滚槛是借助水下的横石，通过水流横跨横石的方式，以产生一种激流的水势。这个过程中还能产生浪花，能够起到渲染氛围的作用。滚槛根据坡度的不同还可以分为直墙式与斜坡式两种类型。

壁泉是水沿着墙壁或其他壁状的物体流下的一种落水景观。根据流水所依附物体的不同，可以分为墙壁型壁泉、山石型壁泉与植物型壁泉。其中，植物型壁泉依附的是吊兰等垂吊植物或一些藤蔓植物。人们将它们悬挂在墙壁上，再通过流水流下的方式进行滋润。

3. 喷泉

喷泉是一种借助压力将水以喷出的形式呈现的落水景观。喷泉能够为整体的环境空间增添一种动感，也是景观设计中容易吸引人们视线的一种水景设计。喷泉的发展具有十分久远的历程，因而也有着十分多样的种类。

根据外形与表现形态，可以分为喷水造型式喷泉、瀑布水帘式喷泉、雕塑造型式喷泉与声控式喷泉；根据喷射的方式，可以分为单孔式喷泉、喷雾式喷泉、冒泡式喷泉、花样式喷泉、水幕电影式喷泉、程控喷泉、游戏喷泉（感应喷泉）、音乐喷泉与跑泉等。其中，单孔式喷泉是最为常见的一种，通常可再细分为单线喷、组合喷、面壁喷与喷柱等形式。喷雾式喷泉对营造景观空间中的梦幻感有着关键性作用，通常与阳光、云彩等自然气象进行相互映衬，使水景更具美感。

（二）动水营建的设计原则

第一，要对动水的位置进行确定。以流水为例，流水具有系带的效果，所以在对位置进行确定时，应将流水设于假山之下、树林之中或水池瀑布的一端，以产生一种系带效果。或者通过将流水穿过庭园的一侧或一隅的方式，将庭园中的景物以流水的方式连接起来，形成协调统一的整体。

第二，是对动水的坡度、深度与宽度的确定。为了保证动水的流向，需要在坡度上采用上流坡度大、下流坡度小的设计方式。此外，在坡度大的地方放圆石块，坡度小的地方放砾砂。除了水流的上下游以外，还需要根据地形来调整坡度，平地上的坡度应较为平缓，坡地上的坡度则应较为陡峭。在流水的宽度与深度方面，深度有一个较为固定的范围，一般在 20 ～ 35 厘米之间，宽度的确定则需要根据流水的总长，以及园中其他景物的比例而定。

第三，是护岸工程的设计。护岸工程的设立主要有两个作用，一是为了创造小溪中的湍流、急流、跌水、水纹等景观，二是为了减少流水对河岸的冲蚀与破坏。

第四，是植物的栽植。树木、花草等植物的栽植，主要有两个作用：一是为了增添景观的美观性，二是为了遮蔽流水的弯曲部分。在具体的设计中，可以在流水两岸通过栽植各种观赏植物的方式，来增加美观。其中以灌木为主，以草本植物为次，乔木等高大的树木不宜在这里栽种。此外，在流水弯曲之处，也可以通过栽植树木或花草的方式进行遮蔽。一般在弯曲较大的地方种植树木，弯曲较小处则栽种花草，但要注意保证一定的可视性。

第五，动水的设计主要是为了体现自然美，因此，为了使流水的整体设计同时具备自然美与人工美，就可以进行一些次要建筑物的设置，可在适当的地方进行栏杆、桥梁、园亭及雕像等的设计，以增加浪漫色彩。

第三节　植物景观设计

风景园林师主要是利用地形、植物和建筑来组织空间与解决空间问题的。植物除了能作为设计的构成要素外，还能使环境充满生机和美感，本章将着重讨论植物在景观设计中的作用，其中还包括植物的分类、布局形式及种植方式等内容。

园林植物是指一切用于绿化、美化及改善人居环境的所有植物的统称。植物种类丰富多样，形态、体量、色彩、质地等各有不同。形态各异的植物使得园林景观的变化更加明显。有别于其他景观设计要素，植物是唯一具有生命的设计要素，赋予了景观空间的灵动变化。伴随季节和生长的变化，植物的颜色、质地、叶丛疏密等特征持续动态发展，如一年四季中观赏特征各不相同。除了季相性的变化外，随着生长周期的拉长，植株从幼苗生长成年，树冠幅、形状、姿态都有所变化。因此，设计师不仅要注意植物的近期设计效果，而且还必须预计远期的效果。

与此同时，植物的生长还受到土壤肥力、土壤排水、光照、风力及湿度等诸多因素共同作用的影响。有鉴于此，在设计植物景观时，设计师应以园址内的环境条件为设计基础进行植物搭配。为了确保植物能正常生长，养护管理同样重要。不同于其他设计要素，植物一旦种植便需养护管理，即使是乡土树种也不例外。具体养护管理方法因植物种类的不同而异。管养的主要任务包括浇水、修枝、施肥与病虫害防治等。

一、园林植物的分类

园林植物的分类方法很多，为便于园林应用，以植物的外部形态为划分依据，可以将园林植物划分为六类，即乔木、灌木、藤本、竹类、花卉和地被植物。

（一）乔木

乔木的树形高大，可以长成20米以上的大乔木，普遍有8～20米的中乔木，还有一些树高8米以下的小乔木。乔木有着挺拔的主干及较高的分支点，乔木的寿命也较长。按照一年中随季节变化落叶与否，可以分为落叶乔木与常绿乔木。根据叶片形状，落叶乔木与常绿乔木还可以进一步被划分为叶片纤细如针的针叶常绿乔木或针叶落叶乔木，和叶形宽大的阔叶常绿乔木或阔叶落叶乔木。

乔木构成园林景观植物中的骨干，对景观空间布局影响很大，无论是在功能上还是艺术处理上，都能起到主导作用，特别是常绿乔木的作用更大。

（二）灌木

灌木是一种缺乏明显主干，以丛生状态出现的树种。灌木没有乔木那样的高昂挺拔，高度能达到2米以上的就算是大灌木了，中灌木的高度在1～2米，小灌木的高度则不足1米。灌木也有常绿的与落叶的两种，在园林景观设计中主要用作天然的篱笆，分隔出不同的空间或景观。尤其以开花灌木用途最广，常用在重点美化地区。

（三）藤本植物

藤本植物是一类自身无法直立，要借助依附在其他植物或物体上才能向上生长的植物，藤本植物有吸盘或卷须，这些特殊器官能够帮助它们牢牢附着在其他植物或物体上。常见的藤本植物有地锦、葡萄、紫藤、凌霄等。藤本植物有常绿藤本植物与落叶藤本植物之分，常用于垂直绿化，如花架、篱笆、岩石和墙壁上面的攀附物。

（四）竹类

竹类属于禾本科一年生、二年生或多年生草本植物或木本植物，干木质，中空而有节，生长状态下的竹类植物的皮呈翠绿色。竹类一般为圆形，也有呈方形或其他形状的，如紫竹、金竹、方竹、罗汉竹等，不过为数极少。花不常见，一旦花开，大多数竹类植物于开花后全株死亡。

（五）花卉

广义的花卉是指姿态优美、颜色鲜艳、香气馥郁、具有观赏价值的植物的总称；狭义的花卉是指具有观赏价值的草本植物，多以观赏花为主。按照花卉的生活周期，可分为一年生花卉、二年生花卉、多年生花卉。多年生花卉又根据地下形态特征，可分为宿根花卉和球根花卉。

（六）地被植物

地被植物是一类十分低矮且成丛生长的植物。这类植物覆盖在地表，可以占据地表空间，避免杂草生长，是园林景观设计中最常使用的一种植物类型。由于可以覆盖裸露的地面，可有效防治水土流失、保护环境和改善小气候。地被植物还可以创造一种衬托效果，让其他植物与建筑、山石等显得更美。常见的地被植物覆盖形式为草坪。这些植物面积很大，触感柔软，给人视觉上的开阔之感与美的视觉享受。

二、园林植物的功能作用

（一）空间构筑功能

营建户外景观时，植物具有强大的空间塑造功能，能够让景观获得更好的空间创造，具有分隔或强化景观的功能。植物在某种意义上也是三维空间里的实体，爬藤植物攀缘在棚架上形成“屋顶”，草坪就是“地板”，灌木组成的绿篱是一道道“矮墙”。由此可见，植物拥有一般建筑元素的特性，在构成空间中能够发挥较大作用。

1. 构成空间

空间感的产生需要发挥基面、垂直面及顶面单独或共同组合的作用，形成实在的或暗示性的围合。植物如同墙面、地板、天花板那样，能够形成空间围合。将不同的植物搭配在一起，就能创造各种各样的空间效果，如踝高植物只有覆盖地表面的效果，膝高植物有引导的效果，腰高植物可作为交通控制之用并有部分的包围感，胸高植物可以分割空间，而高过眼睛的植物则给人被包围的私密空间感。栽培的植物，经过巧妙的安排和设计，可以强化空间的机能，或提升空间的趣味境界。

在基面上，不同高度和不同种类的地被植物草、一年生花卉、宿根花卉、矮灌木等都能引起园林地面形式的变化。材质的改变和地表植被的微小高差意味着景观空间在地面上的边界，暗示空间的变化。利用低矮的地被植物作为空间的限制因素，可以使边界处理得更加清晰、细腻。如种植在分隔带或小路两旁的矮灌木，具有不影响行人的视线，又能将行人限制在人行道上的作用。此外，花卉灿烂、欢快的色彩具有强烈的视觉效果，而且极具吸引力，能刺激人类的感官。可利用花卉植物种类繁多，颜色各异，质地、大小、形状多样的特点，来暗示空间范围的不同。

乔木、大灌木和藤本植物作为围合物，以垂直面的形式界定了空间的边界。较之低矮的地被植物形成的开敞空间稍有封闭，限制了视线的穿透，可以形成半开敞的私密空间。植物的大小、高低、株距及观赏者与周围植物的相对位置的不同，都会造成空间的封闭度变化。藤本植物利用花架、廊柱、灯柱、大树、棚架等形成绿廊、绿荫、绿亭控制顶面，形成一个半透明或局部开放的空间。在室外景观环境中，利用各类地被植物有机地将基面、垂直面和顶面组合在一起，打造出有着多样化使用功能与感觉的空间。

以上论述比较清晰地说明了植物对景观空间的作用。需要明确的是，植物在构成空间中不是单独发挥作用的，而是需要与其他植物材料及要素进行配合使用。例如，植物与地形相结合，就能起到强调空间或消除空间的作用。具体做法是，要强调空间，就要将乔木或大灌木植于凸地或山脊上，这样就可以让地形凸起部分的高度变得更高，在视觉上更加显眼，同时也让与之相邻的凹地或谷地在空间上变得更加封闭，并能成为高密度的防风、防噪声屏障。但是，在凹地种植低矮的地被植物、花卉、矮灌木等，能让低洼地区变得更加通透。正好相反，要消除空间，就需要在凹地或谷地内的底部或周围斜坡上种植乔木或大灌木，这样的配合让地形凹陷形成的空间不再明显甚至完全消除。

2. 屏蔽和障景

在景观设计中，也可以用植物来形成屏障，阻挡人们的视线。园林景观设计中通常使用卵圆形或尖塔形的灌木来将人们的视线分隔开，阻挡掉的那一部分主要是与园林雅致景色格格不入的线条、颜色、角度，由阻挡而只让美好景色为人们所见。具有大而密的树叶或者密集的枝条的植物能完全屏蔽视线，而具有小叶、枝条结构稀疏、叶片较少的通透植物，则能达到漏景的效果。景观发挥屏障作用的程度跟植物的分布、高度、配置方式、视距等有关。

3. 框景

植物为景观的空间序列展现提供帮助。例如，在景区的入口处，设计者要对景观进行特别的框景设计，以达到强调入口位置的作用。在入口处采用植被达到框景的效果，可以在通道两侧种植大、中型灌木和地被植物形成夹景，这样做能够将游人的目光引向同一处观赏景点。例如，植物集中种植构成的前景多用于遮挡附近的景色，而较大的框景则用于强调远处的景观。某些框景多与入门通道或门廊相连，应用大型直立灌木或具有水平分枝的小型乔木来取得最佳效果。对转角地段的处理和表现需要强调的景物，也可以应用有雕塑般外形的小乔木或大型灌木作主体并配置圆顶形灌木。

（二）社会效益

1. 美化城市

园林植物使得城市建筑景观拥有了更加多样的轮廓线条，使得城市建筑群的艺术效果更加明显。园林植物的种植让城市建筑景观中不足为观的景象遮挡掉，帮助城市建立整洁有序的城市景观面貌，同时可以园林植物的自身形态、色彩、风格为基础，实现城市景观的协调与丰富，并增强城市建筑景观的艺术效果。

2. 陶冶情操

园林植物在城市景观中的使用，除了让城市显得更有活力与生机之外，在陶冶人的审美情操上也发挥着较显著的作用，让人获得精神上的享受。园林植物的色彩、线条彰显出视觉艺术之美，并带来嗅觉上令人陶醉的体验。

3. 防灾避难

第一，园林植物根系发达，能够保持土壤水分，防止水土流失。除了小部分雨水被树冠截流、蒸发外，降水的大部分都会被林地上厚而松的枯枝落叶层吸收，然后缓慢渗入土壤中，有利于土壤的紧固，从而降低了水土流失的发生概率。

第二，城镇周围的防风林带能够有效削弱大风影响，一个合理规模的城郊防护林在冬季可以将风速降低 20%，夏秋发挥的风力削弱作用则更为显著，能够将初始风速降低一半以上。

第三，园林植物对有危害的放射性物质起到了一定的过滤、吸收和阻挡作用，让光辐射受到削弱。如果处在战争期间，也能利用这些植物阻挡爆炸形成的冲击波，削弱爆炸物飞散的距离，以实现对重要设施的保护。

第四，绿色植物的枝叶与树干中都有大量水分，这些水分的存在使其不易燃，能够有效阻断火灾范围的扩大。公园绿地也是地震、火灾的避难地。如1923 年 9 月日本关东地区发生大地震，同时引起大火灾，植物的阻燃作用防止了火势的蔓延。尤其是绿篱，有防止或降低热辐射的作用，确保了从避难通道疏散的居民的安全，并成为躲避地震的临时避难场所。

（三）生态环境效益

1. 调节碳氧平衡

空气是人类赖以生存的物质。一旦离开空气，人类自身就存在危险。绿色植物进行光合作用，吸入二氧化碳，在合成有机营养的同时，向环境中释放氧气，进而调节空气中的碳氧平衡。

2. 净化空气、杀死病毒

不同植物对空气中的污染物抗性不同。难能可贵的是，许多植物可以通过自身特定的结构或某些生化作用，起到消减空气污染物的作用。

同时，植物还能借助于对空气中气溶胶、颗粒物等污染物的净化效果，有效减少空气中微生物的生活载体。加上能分泌杀菌素，直接杀灭空气中的真菌、细菌等，从而净化空气。例如，柠檬桉、悬铃木、紫薇、桧柏、白皮松、柳杉、雪松等，都是杀菌能力较强的城市绿化树种。

3. 净化土壤、蓄水保土

植物根系发达，能够将土壤固定住，在防止土壤流失方面发挥了积极作用。将具有耐水湿作用的植物种植在山谷线、自然排水沟、水流两侧，就能对岸带与边坡起到良好的固形作用。植物的林冠层、灌木草本层和枯落物层能够截留一部分降雨，起到滞纳洪水，避免水土流失的作用。

4. 通风防风

园林植物中的城市带状绿化（包括城市道路与水边绿地）起到了良好的通风与防风作用。首先，城市带状绿化作为城市重要的通风渠道，承担着为城市通风的任务，这些带状绿地与城市所在地夏季主导风向相同时，就能将城市郊区的冷气流导入市中心，实现夏季城市的良好通风，避免城市热岛效应的产生。当冬季来临之时，寒冷气流也会因树木的阻挡而变得流速缓慢，此时园林植物发挥了防风作用，因而要在与冬季寒冷气流垂直的方向设置植被防风带，这样能对冬季寒冷的大风起到削弱作用。

5. 降低噪声

研究表明，树木能够阻挡噪声的传播。一般情况下，30 米宽的林带就可让噪声降低 6 ～ 8 分贝，40 米宽的林带可让噪声降低 10 ～ 15 分贝。在公路两侧设置乔木、灌木搭配的 15 米宽林带，公路上产生的噪声就会显著下降，可达到减半的降噪效果。相较而言，开阔的空地则没有这种的降噪效果，噪声也因此被传播到更远的地方，影响人们的工作与生活。

（四）经济效益

园林植物能够产生经济效益，这种经济效益的产生一方面是直接的，另一方面是间接的。直接的经济效益是通过各种参观园林景观的门票及服务获得的经济收益。间接经济效益则是园林植物给环境、社会带来改善，推动经济社会高质量发展产生的收益，这种收益无法用金钱来直接衡量，却又的确让人们感受到了实惠。

三、园林植物的美学特征

园林植物在外形与意蕴上都有着丰富的美学特征，这些美感主要表现在姿态、质感、芳香、颜色、声音及其文化意蕴上。其中，姿态又可以分为植物的大小与外形，质感可以从植物的叶形与肌理来体现。下面，笔者将从这些方面来论述园林植物所具备的美学特征。

（一）园林植物的大小与外形

园林植物的大小与外形决定了植物的姿态。首先从植物的大小来看，在园林景观的植物中，不同大小的植物有着不同的美感与作用，对这些大小各异的植物进行恰当的搭配，有助于园林景观独特魅力的塑造。其中，大型乔木因其体积的巨大，常作为景观空间中的主景，起到构成空间框架的作用，而中小型乔木则可作为大乔木的背景，起到一定的辅助性作用。

植物的外形指的是单株植物在自然生长状态下生成的外部轮廓。植物外形有圆柱形（如杜松、黑杨等）、尖塔形（如雪松、冷杉、水杉等）、圆锥形（如云杉、金钱松等）、伞形（如合欢、老年期落羽杉等）、圆球形（如丁香、万峰桧、五角枫等）、广卵形（如紫杉、刺槐等）、匍匐型（如铺地柏、迎春）等常见类型，也有垂枝型（如垂柳、龙爪槐）、丛生型（如玫瑰、连翘）、棕榈型（如棕榈、椰树）等特殊类型。

不同的外形特征给人带来不同的视觉感受，在设计中就可以根据外形特征及其产生的视觉感受进行不同的设计。比如，圆柱形、圆锥形等呈垂直向上状的植物，使人在游览时通过仰视的方式，引导人的视线向上，给人以高耸挺拔的感觉，因而较易成为视线的焦点，可以作为景观中的主景。

（二）园林植物的质感

园林植物中的叶形与肌理决定了质感的粗糙与光滑。其中，叶形又包括叶片的大小与形状，肌理则分为枝条的长短与疏密及干皮的纹理。

1. 叶片的大小与形状

植物叶片的大小与形状对其质感有着直接性的影响。一般来说，叶片较小的植物，其质地要光滑许多，如一些常绿树叶、豆科植物或柳属植物等；叶片较大的植物则更给人粗糙的感受，如巴西棕、鱼尾葵等热带植被。

2. 植物肌理

植物的肌理在一定程度上决定质感。肌理可体现在茎干、叶片等部位。木本植物的茎干、树皮纹理的形式丰富多样，根据种类的不同而不同，且会随着树龄的增长发生变化。树皮的纹理按照粗糙程度可以有多种分类：其中，胡桃、柠檬桉一类的树皮纹理较为光滑，桃树、樱花树一类的树皮则呈现横纹的纹理，白皮松等树的树皮纹理呈片裂，幼龄时期的柏树的树皮纹理呈丝裂状，云杉等的树皮则较为粗糙。

叶片的光滑、粗糙与否，也决定了质感的好坏。光滑的叶片可以通过阳光反射显得亮泽细腻，而粗糙的叶片则因为吸收阳光显得暗沉、粗糙。叶柄较长的植物可随风转动，使植物整体具有多样的变化感和层次性，呈现粗糙的质感，反之亦然。

（三）园林植物的颜色

园林植物在生长历程中会经历萌芽、吐叶、开花、结果、成熟等完整的过程。每个阶段都赋予了植物独特的魅力。园林植物的颜色主要体现在枝干、叶片、花与果实。

首先，自然界中大部分植物的枝干颜色多为灰褐色，但也有一些比较特别，如红色、黄色、绿色等。紫竹、山桃、红瑞木等的枝干常为紫红色或红褐色，而金竹、金枝国槐等的枝干为黄色，梧桐、迎春花等的枝干则是绿色。冬季树叶凋零，使枝干成了冬季主要的观赏景观。

其次是叶色，植物的叶色虽多为绿色，但也有其他色彩。此外，部分植物的叶片还会随着季节的推移出现丰富的变化。就颜色深浅而言，许多常绿植物与落叶植物的叶色为深绿色，如山茶、桂花等；浅绿色叶色的植物代表有水杉、落羽杉、金钱松等。就季节变化而言，植物的叶色不是一成不变，会跟随季节的改变而变化，如银杏树叶在秋季时会由绿逐渐变黄。除了自身特性与季节变化以外，植物叶色还会根据营养状况、光照情况等条件的影响而产生变化，如紫叶小檗只有经过充足的阳光照射，才能呈现出鲜艳亮丽的色彩。

再次是花色。花色并不是所有植物都具备的元素，却是植物色彩类型中最具有观赏性、最引人注意的。不同的植物的花色、花型各有差异，别具一格。且部分植物的花色还会随着时间与生长环境的变化而呈现出不同的色彩。从时间维度来看，花色可能在季节、短期或者一天内均有变化。如，金银花初开时为象牙白色，两三天后变为金黄色，因白色与黄色的交替而得名金银花；三醉木芙蓉在清晨初开时为白色，中午变成淡红，傍晚又变成深红，做到了一日三变。此外，部分植物的花色还会根据环境的变化而变化。以八仙花为例，若土壤呈酸性，花色为蓝色，若呈碱性，花色则为粉红。这种特殊的属性不仅可以为景观设计增加一道特殊的风景线，还能起到指示土壤的 pH 值的作用。

最后是果色。古诗有云："一年好景君须记，最是橙黄橘绿时。"不同植物果实的色彩不一，如葡萄、紫珠等植物的果实常为紫蓝色，山楂、枸杞、忍冬等果实为红色或橘红色，红瑞木、雪里果等果实为白色，银杏、木瓜、金橘等果实为黄色或橙色，等等。这为景观设计提供了诸多的颜色选择。

（四）园林植物的气味与声音

植物的气味与声音也能在一定程度上体现出美感。部分植物会通过一定器官散发出独特的味道。细化而言，可以分为多种不同的类型，有水果香型、薄荷香型、花香型、蜜香型、松柏香型，等等。有研究表明，不同香味给人体会带来不同的体验感，如茉莉花香使人身心放松，薄荷香使人提神醒脑等。需要注意的是，并非所有味道都能带来良好的体验，如夜来香夜晚散发的香气，会使人头晕目眩，引起胸闷和呼吸困难等症状，所以不适合放在室内。这就要求设计师在进行设计时，要根据需求及环境条件选择不同的植物进行搭配，做到谨慎挑选、合理使用。

通常情况下，植物是无法发出声音的，但可以在设计师合理借助外界事物的情况下，实现植物的发声。使植物具备声音美的方式主要有两种，一是通过自然界的自然现象与植物的碰撞而发出声音，二是借助与植物有互动关系的动物声音。在自然界中的风、雨、雪等自然现象的作用下，植物的树叶就实现了发声。当雨点滴落在一些如荷叶等较大叶片上时，会发出音响效果，唐代诗人李商隐的“留得枯荷听雨声”便是很好的例证。此外，良好的环境可以吸引昆虫、鸟儿等动物停下、活动等，活动时发出的声音也会为景观增添了别样的趣味与美感。

（五）园林植物的文化意蕴

园林植物的美不仅体现在其形状大小、颜色、质感、味道等外在形式上，还体现在其本身具有的文化意蕴中。中国古代的文学与绘画等艺术，为古典园林的植物赋予了深刻的文化意蕴，也对植物配置产生了深远的影响。这一影响体现在对植物本身意蕴的赋予和对园林搭配的思维上。

我国古代文化给植物赋予了人的精神品格。例如，竹象征着坚贞、顽强与高风亮节，梅花则代表了孤傲高洁的品格，牡丹则象征着富贵与繁荣，莲花是“出淤泥而不染”的高洁品格的象征，菊则代表了一种隐逸淡然的处世态度。我国古代许多造园师都有利用借物言志的方法进行设计。在现代景观设计中，也可借助此手法，在创造美好景致的同时，传达深刻的文化内涵与哲理。

四、园林植物的配置原则

（一）科学性原则

大自然中分布着数以万计的植物，在进行植物应用时，需要充分尊重植物个体的生物学特性及生态习性、植物群落的构成规律及植被的地带性分布。就植物个体而言，不同植物的生长发育规律和生命周期不尽相同，对环境的需求也有所差异。这些环境条件包括土壤、温度、光照、气候等。在自然中，绝大多数植物都不是孤立存在着的，而总是与许多同种类或不同种类的其他植物个体生活在一起，形成一个或大或小的群体，长期发展后便形成了植物群落。植物群落是处于动态演替中，只有健康的植物种间关系能保证群落的稳定发展与更新。此外，植被的分布受经纬度及海拔等因素影响，在设计时应充分考虑水分湿度、太阳辐射、温度及降水的影响。在进行植物景观规划时，只有尊重不同气候带地区植被分布的客观规律，合理规划项目所在地的植物景观风貌，才能够营造出具有可持续的植物景观。

除此之外，了解地带性植被的构成与演替过程，也是退化植物生态系统修复的科学依据。只有这样，才能促进植被的正向演替，实现各地区的生态修复。

（二）艺术性原则

生活中充满了给人以美好享受的艺术品，它们都是经过艺术创作而产生的。艺术创作背后是有规律可循的，需要遵循一定的艺术性原则。植物景观规划设计也是艺术创作的过程，同样要遵循基本的艺术原则，以实现园林艺术的形式美与意境美。

艺术性原则具体包括和谐的统一性、比例的协调性、均衡的稳定性和意境美。艺术设计归根结底，是在追求变化中的和谐以及统一中的变化。除了内容与形式的统一以外，在种植设计中，植物的要素还要和其他的景观要素相协调。比例是指部分对部分、部分对全体在尺度上的数量化关系。协调的比例具有美的视觉效果。均衡指事物的各部分在左右、前后、上下等两方面的布局上，其形状、质量、距离、价值等诸要素的总和处于对应相等的状态。意境美指在外形美的基础上的一种崇高的情感，是情与景的结晶体，只有情景交融，才能产生意境。

在植物景观规划设计时，需要充分避免过度利用与破坏自然资源。在设计中，充分保护与利用场地内的原有的植物资源，通过适度设计与干预，确保场地内的生物多样性，避免违反自然规律的植物景观设计，加强对乡土植物资源的开发与利用，特别是功能性植物的使用，如具备防风固沙、改良土壤盐碱度、节水抗旱、保水固土等作用植物的使用。

五、园林植物的布局形式

园林植物的配置主要遵循艺术构图要求、功能要求及生物学特性的要求，这三个要求都应得到满足，以便充分发挥植物的景观特性。园林植物配置的基本组合形式有三种，即规则式布局、自然式布局、抽象图案式布局。

（一）规则式布局

规则式布局在西方园林景观的植物配置中比较常见，这是一种利用植物来组成或强化规整式图案的植物布局方式。从历史上看，灌木修剪艺术出现在古罗马时期，这种艺术形式让规则式种植布局设计与建筑设计组合在一起。规则式布局的园林植物配置，要将乔木栽植成行，这样的排列方式显示出规则性。并且在植物生长到一定高度后，可以刻意将其修剪成几何形状，有的还可以修剪成人或动物的形状。直线种植的灌木会被修剪成绿篱形态用以装饰，也有一些灌木被修剪成其他规整的图案，在大面积平坦地上作为装饰性的构图要素来使用。例如，法国著名景观建筑师勒·诺特规划设计的凡尔赛宫园林就是一种规则式布局园林植物布置，其中的植物排列整齐且经过修剪，构成各种既复杂又精美的图案，彰显了人工雕琢与自然创造结合的别样之美。

（二）自然式布局

18 世纪英国形成了与法国、意大利的规则式园林风格迥异的自然式风景园林。这种自然式布局的园林中的植物种植并不复杂，园林主体是草坪和乔木，只需要将几种树木种成疏林或林带即可。从 19 世纪后期开始，生态学的科学思想在园林植物种植设计上得到应用。自然成为人们进行园林植物构成的学习对象，使得园林植物种类的群体组成变得更加科学，这与将植物作为以装饰或雕塑手段为主的规则式种植方法有很大的差别，追求自然之韵的生态学方法被广泛运用，不再只是对植物景观作视觉设计。这一方法的使用使得植物原有的特性得到重视，由此构建了植物与植物、植物与环境、环境与环境在视觉上的和谐之感，实践了生态设计思想。生态设计思想作为一种代替传统设计思想的新设计思想，追求自然化的、非限制的、经济有效的设计，是对传统设计思想——人工条件下限制性设计的反叛。这一设计思想在根本上是要提倡以多样的、竞争自由的自然景观代替人为景观的植物配置创造。

（三）抽象图案式布局

抽象图案式种植是指利用丰富的植物自然资源，从中挑选比较合适的植物种类用于抽象的平面图案设计，这样设计出来的植物种植风格也更为多样。抽象图案式种植深受克利和蒙德里安立体主义绘画的影响，种植设计从绘画中寻找新的构思也反映出艺术和建筑对园林景观设计的深远影响。一些现代主义景观建筑师也重视艺术思潮对园林景观设计的影响。例如，美国著名景观建筑师彼得•沃克和玛莎•施瓦茨的设计作品中就分别带有极简主义抽象艺术和通俗的波普艺术的色彩。这些设计师将景观设计的造型与视觉效果呈现看得更为重要，因此形成了一种比较简洁自然的设计。这样的设计有着更加富于表现张力的构图，植物不再是植物，而是一种有生命的雕塑材料。其在整体构图中的运用，也有只是从构图角度出发用植物材料营造临时性景观的做法。其中，也不乏以风格迥异、自相矛盾的种植形式，实现了现代主义设计在植物景观设计上的应用。

六、园林植物的设计手法

植物景观设计的常用设计手法分为两类：规则式种植设计和自然式种植设计。每类中又包含不同的设计手法，下文将逐一进行阐述。

（一）规则式种植设计

1. 花坛

花坛是规则式种植设计中的主要代表，主要是指在具有一定轮廓的几何实体内，进行不同种类、颜色、形状的园林植物种植，以形成一道具有鲜艳色彩的风景的景观设计方式。花坛具有十分灵活的设计作用，既可以作为主景，又可以作为配景。花坛具有十分丰富的种类：根据规划类型，可以分为独立花坛、花坛群、带状花坛与连续花坛群等；根据主题意义，可以分为花丛式花坛、图案式花坛、立体花坛、木本植物花坛与混合花坛等。

2. 花境

花境是指经过艺术设计，将多年生花卉为主的植物，以平面上斑块混交、立面上高低错落的方式种植于带状园林地段而形成的花卉景观。花境的设计整体上来说较为灵活，可以进行直线或曲线的设计。花境的设计灵活还体现在位置的确立上，通常在各区域边界的边缘、园林道路的两侧、草坪的边缘、建筑物的边缘或者道路的中央，都可以进行花境的种植。

在设计花境时，要考虑好花卉的配置，既要求整体构图上呈现统一，又要求呈现出不同的季相效果。这就需要设计师充分了解植物不同季节在色彩、姿态、数量上的不同，从而进行搭配。此外，花境的朝向、光照条件与生长环境，都是在设计时需要考虑到的重要因素。

3. 列植

列植是规则式种植设计中的一种常见形式，是指将植物沿着一条直线进行等距栽植的设计方式，以形成整齐连续的界面。列植因其规整性，常被用于隔离带或道路绿化，以打造既完整又统一的街道景观。根据风格的不同呈现需求，可以选择同种或不同植物进行列植设计。若要呈现整齐统一，则选择单一植物，反之亦然。

4. 绿篱

绿篱就是用绿色植物分割空间，组成边界。组成绿篱的植物都是呈行列式紧密种植的，绿篱除了形成空间边界、组织空间外，也能够起到防风遮阴、吸附灰尘、吸收噪声、充当背景装饰等作用，还能够将那些与植物景观不协调的部分阻挡在人们的视线之外。

（二）自然式种植设计

1. 孤植

孤植是指以一株或多株乔木组成呈现独立单体形态特征的种植形式。这种设计往往是因为所孤植的植物拥有独特的个体美，需要将其单独种植，以便将这种美充分展现出来。孤植树在园林中的功能体现为单纯为了实现良好的构图，或者发挥庇荫作用。选择孤植树，要看树种是否高大、树冠是否具有层次性、整体形态是否优美、是否散发好闻的味道、是否开花、树叶颜色是否有明显的季相变化等，常见的孤植树有香樟、大叶榕、银杏、广玉兰等。

虽然叫作孤植树，但并不意味着就一定是单独一棵树，也存在特殊的情况。当构图需要的时候，要达到某种构图目的，就会增加树的数量。如为了体现树的雄伟，就会将两到三棵相同种类的树紧密地种在一起，以单元式的树木种植增加孤植树景观的可观赏性。孤植树作为园林景观的核心构图部分属于大草坪或林中空地的中心，在景观中处于与其他景点的呼应位置。孤植树的四周空旷，这是为了给人们留下一个可供观赏的区域，一般这片空旷区域的大小为树木高度的四倍。另外，孤植树也可以在河岸溪流转弯处或者在自然式园路的凸出部布置，这样布置可以利用河流与道路本身的特性，在空旷的空间产生供观赏的景色。

2. 对植

凡乔灌木相互呼应栽植在构图轴线两侧的称为对植。对植有对称种植和非对称种植两种种植形式。将两棵单株乔、灌木分布在构图中轴线两侧是对植最简单的形式。其中，对称种植在规则式种植构图中的应用比较普遍，可以布置在公园或建筑物的进出口两旁。非对称种植多用在自然式园林进出口两侧以及桥头、山石蹬道、建筑物门口两旁。对称种植不光要将两侧的树种在对称的位置上，还要求种植的树木在树种、规格上保持统一。相对于对称种植的树木来说，非对称种植的树木在树种上保持统一，但可以在规格形态上有更大的灵活性。在与中轴线的垂直距离控制上，为了保证视觉上的协调均衡，应该要求其中的树木在栽种位置上近大远小，小树与大树要形成呼应关系。两侧对植的树也不一定在数量上完全对等，如果一侧种了一株大树，那么在另一侧则可以种上两株小树。

3. 丛植

丛植是多棵树集中在一起栽植的种植设计，每个树丛可由 2 ～ 15 株乔木或乔灌木混合树种组成。利用树丛的形式栽植树木，能够带来视觉上的植物形态群体美。在这种群体美中，也能透露出每一棵树个体的美，这就要求在选择丛植树树种时，要基本依照孤植树的选择条件来确定。

虽然丛植树树丛的功能与布置要求跟孤植树有着相似之处，但树丛要比孤植树的观赏效果更好。如果丛植树发挥的功能是纯观赏性或引导的，那么采用混合种植的方式进行种植就比较合适。乔木与乔灌木结合，或树木与山石、花卉结合都是可行的。主要起到遮阴功能的丛植树，一般选择树冠开展的高大乔木，且一般不与灌木配合。丛植树树丛下能提供比较大的一片遮阴区域，这里可以安放座椅供人们休息使用。丛植树树丛的一般配置形式有以下几种。

（1）两株配合

两棵树在构图上实现调和与对比，存在内在统一性。丛植树树丛由两棵树搭配而成时，树种也应相同，即使树种不同，也要在外形上保持一致，确保两者统一；但两者的姿态与规格应呈现一定的差异，这样才能形成比较强烈的对比，使种植形态不会呆板。另外，两棵树要紧密挨在一起，树枝能产生交错，勿使其分离。

（2）三株配合

三株配合最好采用姿态大小有差异的同一种树，三株多以不等边三角形布局。这三棵树的布局要分为两个组，一个组中配置体型最大与最小的两棵树。这两棵树的种植距离应该非常靠近，与中间大小的另一棵树单独形成的一组之间要保持一定距离，使两组树间产生一种呼应关系，加强构图的连续性。当三株配合的树丛采用的树种不相同时，应该以树叶的季相变化作为选择依据，选择的树种要么都是常绿树，要么都是落叶树。树种应以两种为宜，最大的树与次大的树选择同一树种，最小的树单独选择一个树种，增强树丛的组合变化性。

（3）四株配合

四株配合树丛的树种相同，但每棵树的姿态、大小不同，总体上分为 3∶1 的两组，最小株与最大株在同一组内，四棵树的布局形态应该呈不等边三角形或等边四边形。

（4）五株树丛的组合

由五棵树组成的树丛在树种上可以选择一个树种，也可以选择两个树种。分成两组，可以是 3∶2 的组合，也可以是 4∶1 的组合。如果树种不同，则需要在每个组内都搭配不同的树种；其中，每一组的树种组合要求与前面提到的两株配合、三株配合的要求保持一致。并且，这两组的距离要在合理的范围内，不能离得太远，实现良好的呼应与构图和谐。

（5）六株以上的组合

六株以上的组合实际是两株、三株、四株、五株基本形式的相互组合。所以《芥子园画谱》中有“五株既熟，则千株万株，可以类推，交搭巧妙，在此转关”之说。其关键仍在于调和中求对比，差异大时求调和。

4. 群植

群植是更大规模的植物群体设计，20 ～ 30 株的乔木与灌木混合栽植形成树群。群植树的树种不宜过多，合理搭配树种可使树群显得和谐。群植树树群能够展现树木组合的群体美，群植树的单株没有太严格的要求，只要与其他树在整体上保持协调即可。群植树树群中的每株树，都应该为整个树群的外貌形成贡献，观赏者看到的虽是树群的整体面貌，但其中每棵树的作用都是不可忽视的。因此在选择群植树规格时，应该有一个基本的范围，每棵树的高度应控制在 30 米以内，宽度应是高度的 1/3。群植树树群的组成形式可以是单层同种的，也可以是多层混合种植的。如果是多层混合种植形成树群，就应该确定每一个树种之间能够构成良好的生态关系。最好以当地自然植物群落结构为依托，来确定群植树树群的组成形式。另外，整个植物群落的造型效果、季相色彩变化、林缘线的处理、树林的疏密变化等也都是较大规模种植设计中应考虑的内容。

5. 风景林

森林由大量树木组成，其中树木的数量与种类都是前几种种植形式无法比拟的。森林中的树木多，森林的面积也大，不同树种在单位面积内都是紧密分布的，形成了密不透风的森林外观，影响着周围环境的气候与植被覆盖面貌。想要达到对城市气候进行调节，维持城市生态可持续发展，美化城市与保护城市生态环境的目的，就要在城市周边设置较大面积的森林区域。这比在城市中设置小规模的植被带要有效得多。

城市中具有森林景观特性的林地与人们一贯认识的森林还有一定区别，这种处在城市周边的林地与传统意义上的森林不在一个数量级，其布局存在人为设计的因素，为满足游人的需要而做了某些调整，因此这种林地应该称作风景林才较为准确。城市区域的风景林按照树木栽种密度的不同，可粗略地分为密林和疏林两种。疏林的郁闭度在 0.4 ～ 0.6，常与草地相结合，又称疏林草地。密林的郁闭度为 0.7 ～ 0.8，林下多为耐阴植物。

第四节　照明景观设计

从城市发展需要的角度来看，城市中的各种活动不光只在白天开展，在城市的夜晚，也有大量活动，这些在夜间开展的活动需要使用人工照明。随着城市基础设施的日益完备与人们生活的需要，城市夜晚的照明景观也越来越引起城市设计者的重视。精心设计的城市照明可勾画出绚丽的街市夜景，表现出独特的灯光文化，成为现代都市一道亮丽的风景线。

一、照明的种类

根据灯具的不同，照明分为景观灯、道路灯、草坪步道灯、高杆灯、庭院灯、地埋灯、护栏灯、投射灯、探照灯、广场灯、交通灯、隧道灯等。

电光源中的白炽灯、荧光灯、卤钨灯、高压钠灯、荧光高压汞灯、金属卤化物灯等已经成为现代照明景观中常用的人造光源。在上述人造光源中，按照工作原理的差异，可进一步划分为两种，即固体发光光源（即热辐射光源）和气体放电光源。

首先，固体发光光源是指通过电流把物体加热到白炽程度产生光亮，常见的固体发光光源有白炽灯、卤钨灯等。采用固体发光光源进行照明，能够很大限度还原物体的真实色彩，光亮强度可调，能达到理想的照明效果。固体发光光源有较多的种类与参数可供选择。固体发光光源开关自如，能满足动感照明的需要。

其次，气体放电光源是通过电流让某些气体发出亮光的光源。气体放电光源的发光效率高、使用寿命长，应用也极为广泛。气体放电光源有弧光放电与辉光放电两种形式。

弧光放电灯是一种利用弧光放电柱产生光的气体放电光源，其放电的特点是阴极位降较小，荧光灯、汞灯、钠灯等均属于弧光放电灯。弧光放电灯需要专门的启动器件与线路才能工作。辉光放电灯由正辉光放电柱产生光，这种灯也叫冷阴极灯，其放电的特点是阴极的次级发射比热电子发射大得多，阴极位降较大，能够达到100V，有较小的电流密度，但通常需要很高的电压。常见的辉光放电灯是霓虹灯。

另外，放电光源还可按照充入气体（或蒸气）的种类和气体（或蒸气）压力的大小来命名，如氙灯、高压汞灯、低压钠灯等。

气体放电光源作为装饰照明的灯具，发光效率比较高，使用时间比较久，并且可供挑选的灯具种类也比较多，各有特色，适用于各种环境的照明。

二、照明景观的设计原则

现代化城市的照明景观设计有以下五个原则。

第一，照明景观的设计是要在夜间为城市创造美的视觉享受，因此照明景观的设计应该美观、得体，既展示城市的现代与繁华，又不会显得杂乱，在设计照明景观时，要注意将各种单体照明景观融合在一起，发挥出照明景观的整体效果，体现市政建设规划的合理性。

第二，照明景观设计要以大型公共建筑、高层建筑及一些彰显城市特征的外部照明、顶部照明为核心架构，其他所有照明都应该以这一核心架构为依据进行设计，力求体现照明景观的艺术气息。

第三，按照城市区域功能的划分来确定灯光景观的表现主题。例如，行政区的灯光照明应稳重、庄严、大方，映衬行政区的区域功能特点；商业区的灯光照明应有律动变化，这与商业区的消费气氛的需求相一致；此外，旅游区为了吸引人们前往，应采用比较绚丽多彩的灯光照明，但也要注意照明色彩与强度，充分体现旅游区的特征。

第四，照明景观的设计要与时俱进，利用各种新的照明技术及发光材料为景观照明添彩，搭配激光技术、全息投影技术等高新技术使城市夜晚拥有更多新奇的照明景观。

第五，充分实现设计思想现代化、灯光效果艺术化、灯光环境有序化、灯光景观信息化、灯光设备安全化、灯光管理集中化等。

第五节　建筑与设施景观设计

一、建筑设计

（一）建筑在景观环境中的作用

建筑小品对整体景观的打造有着十分重要的影响，建筑小品不仅是景观中的小型艺术装饰品，而且是凸显景观整体效果、美化景观环境、增强游人景观感受的不可替代的景物。

建筑小品本身是有着精美造型设计的，将它们放在景观整体中，就如同掉落在草地上的珍珠，散发光芒，吸引人们关注。这些建筑小品在景观中的安排布置，让游人多了对景观的关注，使景观整魅力提升。通常，在景观中布置建筑小品能够起到组景、观赏、渲染气氛、满足功能需求等作用。

1. 组景

建筑小品在景观空间中能够把外界的景色组织起来，这一作用相比于其使用功能而言显得更加重要。建筑小品为景观空间的连接创造了良好条件，它就像一条无形的纽带，将人们带入景观空间，引导人们在景观空间中移动，这是建筑小品在组织空间画面的构图作用中进一步发挥导向作用的体现。当建筑将景观空间组合在一起的同时，其联系与分隔空间的作用也得到应用。在不同的景观空间中，都有独特的建筑，这让建筑成为空间变化与联系的明确标志。如屈米设计的拉·维莱特公园，正是运用40个红色景观实现了对公园秩序的统领。

2. 观赏

处在景观中的建筑本身就是一件精美的艺术品，其审美价值在景观中得到独特而突出的体现。设计者充分利用建筑自身的色彩、尺度、造型、质感、肌理，并与合理的布置搭配相结合，就能让建筑成为景观环境中的独特景色。同时，将建筑用于景观环境的装饰，能够让景观更具观赏价值，使人获得理想的审美体验，彰显景观的艺术之美。

3. 渲染气氛

建筑除具有上述两大作用外，还通常与环境结合，创造一种艺术情趣，使景观整体更具感染力。例如，由丹尼尔·里伯斯金德设计的犹太人博物馆，采用"之"字形的折线设计。建筑中贯穿使用的直线形虚空片段与之形成呼应，从而让这座博物馆建筑彰显出自身的独特魅力。在建筑的立面设计上，其与环境产生了倾斜、穿插与冲突，带给人视觉上无比的震撼和感染力，很好地渲染了场所特有的气氛。

4. 满足功能要求

尽管各类景观建筑名目繁多，但是分析起来无非都是直接或间接为人们的休息、游览活动服务的。因此，各类景观建筑的主要功能应该是满足人们的休息、游览、文化、娱乐、宣传等活动要求。

（二）建筑的形式

1. 游憩类

游憩类建筑分为科普展览建筑、文体游乐建筑、游览观光建筑、建筑小品等四类。科普展览建筑是指供历史文物、文学艺术、摄影、绘画、科普等展览的设施，文体游乐建筑包括园艺室、健美房、康乐厅等。此类建筑若营建得巧妙，通常会带来出人意料的效果。

游览观光建筑是供人休息、赏景的场所，而且其本身也是景点或成为构图中心。作为景观建筑的主要形式，它包括亭、廊、水榭、舫、厅堂、楼阁等。

（1）亭

计成的《园冶》中关于亭有这样的叙述："亭者，停也，所以停憩游行也。"

亭的形式很多，从平面上分有圆形、长方形、三角形、四角形、六角形等，从屋顶形式上分有单檐、重檐、三重檐、钻尖顶、平顶、歇山顶等。

亭在景观中有显著的点景作用，多布置于主要观景点和风景点上，其对自然山水的点缀效果显著，能够增加自然山水的美感。设计中亭的布置常运用借景、对景、框景等手法。

（2）廊

廊是可以为人们提供休息的场所，廊上有遮盖，既能遮阴又能防雨。廊从布置的位置上可以分为爬山廊、水走廊、沿墙走廊等，按结构形式可分为双层廊、单支柱廊、单面空廊、双面空廊、复廊，按总体造型及其与地形的关系可分为直廊、曲廊、回廊、爬山廊、跌落廊、抄手廊、水廊等。廊也可以为游人的参观提供引导，也能实现空间的良好组织。将隔景、透景、框景等手法与廊结合在一起使用，能够增加景观空间的变化性。

①单面空廊。单面空廊一侧是列柱，另一侧是砌的墙或半实墙。还有一种单面空廊是利用已有的墙或沿建筑边沿进行修建，只有一侧为列柱。单面空廊为了排水，有时廊顶也做成单坡形。

②双面空廊。双面空廊与单面空廊的不同之处在于其两侧都是列柱，不像单面空廊那样在一侧砌上实体的墙，这种廊能够同时看到两侧的景色。双面空廊可以建成直廊、曲廊，也可以建成回廊或抄手廊，能够适应多种景观空间，在大小景观空间、曲直景观空间中都能获得良好运用。

③双层廊。双层廊有上下两层，因此也称为楼廊。双层廊为游人在不同高度条件下观赏景色提供了良好条件，双层廊还被用来对接不同标高的建筑物或风景点，使人们能够获得良好的游览体验，让园林建筑在空间上显示出更好的构图特性。

④复廊。复廊是一种拥有两条走道的廊，这两条走道原为双面空廊中的一条走道，只是在走道中间多了一道墙。由于走道被分成两条，因而走廊宽度就不可能像原先的双面空廊那样宽，整体上要更宽一些。复廊中间的墙不是完全封闭的，每隔一段距离都会开一扇窗，游人透过窗就能看到另一侧的景色。设置复廊也是为了让两侧不同景色得到分隔，同时游人又可透过窗观察到另一侧的景色，增加观景的乐趣。使用复廊形式的园林，如苏州沧浪亭，借助复廊实现了对院内外景色的互相引借，增强了景色的整体视觉效果。

（3）水榭

水榭作为一种供游人休息或观赏风景的临水景观建筑，在中国传统园林中比较常见。水榭通常是在水边搭建平台，横跨在岸与水之间，让岸向水中延伸。水榭跨水部分的平台用石头柱子支撑，使其与水面保持一定距离。在平台上还有低矮的栏杆，平台靠岸部分建有长方形的单体建筑，建筑的檐下设有靠椅供游人休憩。

水榭的单体建筑面水一侧主要用于观景，常用落地门窗让景色在室内最大限度被看到，游人也可以到室外平台上去观景。水榭的单体建筑的建筑立面多为水平线条，以与水平面景色相协调，屋顶造型通常为卷棚歇山式，看起来十分美观，与景色完美融合。水榭的典型代表就是北京颐和园内谐趣园中的“洗秋”和“饮绿”，这两座水榭位于曲尺形水池的转角处，形象小巧玲珑，以短廊相接，相互陪衬，连成整体，与水景搭配得当。

（4）舫

舫也称旱船，不系舟。舫的立意是“湖中画舫”，运用联想使人有虽在建筑中，犹如置身舟楫之感。舫是中国传统建筑中最为独特的存在，它是古代园林设计者在园林建筑上结合现实生活十分形象的创造。舫的外形酷似古代舟船，舫的上部船舱多为木结构，下部用石料筑成船体，在水中与水面接触，船首设有平桥与岸相连，能让身处其中的人产生一种乘船游览景色的体验。在江南一带的水乡，常见的舫是画舫，主要用于游人在水面上游乐。因为江南的园林多以水为中心进行修建，所以就创造出一种类似画舫的建筑形象，与舫有着类似的效果。

江南园林中，典型的舫是苏州怡园的画舫斋及拙政园的香洲。北方园林也将南方园林的舫借鉴过来，如北京颐和园的清晏舫。清晏舫有 36 米长，现为西洋楼建筑式样。清晏舫从昆明湖上看，就像一条正在朝前行驶的船，足见其所处的位置巧妙，吸引游人向后湖景区游览。

2. 服务类

景观中的服务性建筑包括餐厅、酒吧、茶室、接待室等，这类建筑对人流集散、功能、服务游客、建筑形象的要求较高。

3. 管理类

景观中的管理类建筑主要指景区的管理设施，以及方便职工的各种设施，如广播站、变电室、垃圾污水处理厂等。

（三）建筑设计要点

1. 设计要结合功能要求

景观建筑的设计应该在整体景观中充分满足连接、布局、使用等要求，不同的景观建筑要在所处景观环境中体现出合理性。例如，亭、廊、舫、水榭等点景游憩建筑，应该处在景色优美、赏景便利的地方，其景观建筑的存在要能影响与装点风景。服务建筑（如茶室、餐厅、照相馆等）要建在人流量大的显眼位置，这些建筑虽然在显眼位置，但又不能占据园中的主要景观位置。阅览室和陈列室宜布置在风景优美、环境幽静的地方，另居一隅，有路相通。主要建筑的人流比较集中，通行应该十分便利，最好是与主干道相连，方便游人出入。景观环境中还有一类管理建筑，这类建筑不是供游人使用的，因此要将其布置在人流稀少的地方，并且设置独立出入口供内部人员出入。厕所应均匀分布，既要隐蔽，又要方便使用。

2. 满足造景要求，与自然环境有机结合

在进行景观建筑设计时，要巧于利用基址，即要造怎样的景，利用基址的什么特点造景。对是否有大树、山岩、泉水、古碑、文物等都要调查研究，反复推敲。首先要选择好基址，因为不同的基址，就有不同的环境、不同的景观。园林建筑高架在山顶，可供凌空眺望，有豪放平远之感；布置在水边，有近水楼台、漂浮在水面上的趣味；隐藏在山间，有峰回路转、豁然开朗的意境。即使在同一基址上建同样的景观建筑，不同的构思方案，对基址特点的利用不同，造景效果也大为不同。

景观建筑设计还应注意室内外相互渗透，使空间富于变化。例如，可将室外水面引入室内，在室内设自然式水池模拟山泉；还可将园林植物自室外延伸到室内，保留有价值的树木，并在建筑内部组成景致。

二、设施设计

景观中的各种设施对发挥景观的价值起到了不可缺少的作用，景观环境中的设施设计让景观环境设计走向细节，设施设计的成功与否直接关系到景观整体服务能力的高低。良好的设施设计，能够满足游人的各种需要，对环境、社会及人都有调节作用。景观中的设施包括硬件设施与软件设施两部分。

硬件设施是指在人们的日常生活中见到的各种实体性设施。它可以分成四个设施群：一是交通安全设施群，该设施群中有照明设施、交通信号指示设施、停车场、灭火设施等；二是信息交流设施群，该设施群中有路线示意图、公共标识、阅报栏等；三是休闲娱乐设施群，该设施群中有健身设施、游乐设施、景观小品、公共卫生设施、垃圾收集设施等；四是无障碍设施群，该设施群中有建筑、交通、通信系统中供残疾人或行动不便者使用的有关设施或工具。这四个设施群中的硬件设施都是人们常使用的一些基础设施。软件设施主要是指为了使硬件设施能够协调工作，为社区居民提供更好的服务而与之配套的智能化管理系统，如安全防范系统（闭路电视监控、可视对讲、出入口管理等）、信息网络系统（电话、宽带数据网及宽带光纤接入网等）。

（一）假山

假山是园林中以造景为目的，用土、石等材料构筑的山。假山具有多方面的造景功能，如构成园林的主景或地形骨架，划分和组织园林空间，布置庭院、驳岸、护坡、挡土墙，设置自然式花台，还可与园林建筑、园路、场地和园林植物组合成富于变化的景致，增添自然生趣，使园林建筑融汇到山水环境中。因此，假山成为表现中国自然山水园的特征之一。与中国传统的山水画一脉相承的假山，贵在似真非真，虽假犹真，耐人寻味。

假山按施工方式，可分为筑山（版筑土山）、掇山（用山石掇合成山）、凿山（开凿自然岩石成山）和塑山（传统是用石灰浆塑成的，现代是用水泥、砖、钢丝网等塑成的）；按在园林中的位置和用途，可分为园山、厅山、楼山、阁山、书房山、池山、室内山、壁山和兽山。假山的组合形态分为山体和水体。山体包括峰、峦、顶、岭、谷、壑、岗、壁、岩、岫、洞、坞、麓、台、磴道和栈道；水体包括泉、瀑、潭、溪、涧、池、矶和汀石等。山水宜结合为一体，才能相得益彰。

（二）座椅

座椅是常见的户外环境总设施，被广泛应用于公园、广场、步行街中，位置一般靠近步道。座椅按照容量可分为单人座椅、双人座椅、三人座椅等。椅面长度一般以单人 600 毫米的尺度为单位，双人座椅长度在 1200 毫米左右，三人座椅长度在 1800 毫米左右。椅面宽度为 400 ～ 500 毫米，椅面高度为 300 ～ 400 毫米，如有靠背，高度一般为 400 ～ 600 毫米。座椅按照材质分为石椅、木椅、不锈钢椅、铁艺座椅、混合材料座椅等。

座椅要根据具体景观环境的需要进行集中设置或分散布置，座椅的位置、大小、色彩、材质等要与整个环境协调统一。座椅通常可以结合树池、花池、护栏、景观小品等进行组合设计，形成具有特色且完整的环境景观。

（三）雕塑、景观小品

1. 雕塑

雕塑具有点景的作用，可丰富景观，同时也有引导、分隔空间和突出主题的作用。雕塑的分类有几种：按内容可分为纪念性雕塑、主题性雕塑、装饰性雕塑、陈列性雕塑；按形式可分为圆雕、凸雕、浮雕、透雕；按材料可分为金属雕塑、石雕、水泥雕塑、玻璃钢雕塑（永久性材料），以及石膏雕塑、泥雕、木雕、冰雕（非永久性材料）。

2. 景观小品

景观小品具有几种分类：休憩性景观小品主要为桌、椅、凳，装饰性景观小品主要为图腾柱，照明性景观小品主要为灯柱、路灯、射灯、草坪灯，展示性景观小品主要为景墙、雕塑，服务性景观小品主要为垃圾箱，综合性景观小品主要为花架。

花架是一种综合价值较高的景观小品，可以单独成为一种景观。呈点状布置时，其功效就与亭子一般；呈长线布置时，其又与长廊一样发挥建筑空间的脉络作用。另外，它还可以为植物生长提供攀爬空间，创造景观小品与植物结合的美景，同时为游人提供休闲纳凉的优良场所。花架的分类有几种：按表现形式可分为双边悬挑花架、单柱单边悬挑花架、双柱花架、多柱花架；按结构类型可分为木花架、竹花架、仿木预制成品花架、钢花架、不锈钢花架等。

垃圾箱既是必不可少的卫生设施，又是园林空间环境的点缀，造型要巧妙独特，并要方便丢垃圾和收垃圾。垃圾箱的形式有固定形、移动形、依托形等。垃圾箱的设计应根据人们的使用频率、垃圾倒放的多少、垃圾的种类与清洁工清除垃圾的次数等决定容量与造型，并应考虑垃圾箱的放置地点，以便使不太雅观的垃圾箱更好地与周围环境协调。

景墙是建筑与园林小品中体量较大且具有震撼力的一类，往往给游人一种稳重、庄严的感觉，使游人流连忘返。景墙的功能包括限制空间、屏障视线、分隔功能区、调节气候、表现文脉、表现主题。设计景墙时，应注意墙体的高度与视线的封闭性、墙体的材质与视距、墙体与周围其他园林要素的关系，以及明确墙体的功能。

（四）标识牌

标识牌是信息服务设施中的重要组成部分，设置标识牌的目的是引导人们尽快到达目的地。同时，标识牌也是文化氛围的窗口。标识牌应具有特殊的艺术表现形式，并表现对人的亲和、关爱。

第五章 不同空间类型的景观设计实践

景观设计的类型是多种多样的，设计的最终目标是营造舒适的、高质量的、可持续发展的人居环境空间。这是一项系统设计，是关乎人们生活环境质量及心理感受的细腻设计。设计出发点是怎样以合理的成本获得舒适的城市生活空间及自然活动空间，而权衡、协调成为这类设计重点考虑的内容。根据景观设计的类型，有不同的设计要求。本章即围绕此展开分析。

第一节　道路景观设计

一、道路的设计原则

（一）坚持与道路功能相适应

任何一条道路的景观设计，都必须符合城市的整体规划，作为城市公共景观空间，要满足道路功能要求。城市道路因其所在区域的不同，其宽度、设计速度和交通流量等因素都有差异，因此会产生不同的景观效果。道路景观的规划与设计是一项复杂的工程，应综合考虑多种因素，如道路的等级、性质、用地条件、市政工程设施和绿地指标等。通过对道路景观的设计，使其达到功能性与艺术性的统一，满足人们的物质与精神需求。

（二）坚持以人为本

以人为本的理念，就是充分考虑人对城市道路景观的需求。道路上的车辆使用者、行人以及周边的居民是在设计道路景观时要主要考虑的人。城市道路空间应该与人们的心理感受、行为规律和地方特点相结合，对车辆和行人之间的关系进行充分的思考和衡量，让人们在道路中进行活动时，既能感受到安全感，又能感受到舒适感。

（三）坚持生态环保设计

城市道路景观的生态环保设计，指的是对影响城市道路景观的各个因素进行合理控制，提升道路景观生态系统的生物多样性，将生态美学与景观游赏设计相结合，在设计时应遵循生态环保的思想。通过合理的规划设计，实现道路周边的人居环境、自然环境和景观的物质文化的各要素的和谐统一，并尊重物种的多样性，保护自然资源，减少对资源的破坏。

（四）尊重城市历史文脉延续

一座城市的精髓在于其厚重的历史和人文背景，因此，设计者应把城市的人文历史与道路景观的设计有机地结合起来，让设计具有更多的历史和人文内涵。对历史文化的发掘和表现，不能只局限于对某种历史文化形态的模仿和借鉴，而是要关注更深层的历史文化意蕴，将真正有当地特色的文化元素同城市的人文特征、山水条件和自然环境相结合，并在景观设计中恰当地体现出来。

二、道路线形设计

道路线形主要指路面的平面线形，包括机动车专用道路、人车混行道路、以人行为主的园路、步行街等。根据道路的不同功能要求，道路线形有直线、曲线、折线等，竖向方面有上坡、下坡，要根据不同的道路线形采取有针对性的景观设计方法。

（一）直线形道路设计

在道路设计中，应以快速和方便的交通为首要目标，通常采用裁弯取直的方式。对于交通运输道路，采用直线形，可以具有良好的视野和方向感，有利于高速、安全地行车；而城市风景道路也应采用直线形，能增加方向感、景深等，使景观具有一定的秩序感，更具观赏性。

（二）曲线形道路设计

移动视差通过在曲线型路面的移动，使得道路景观呈现出一种动态的视觉效果，表现了路面本身所具备的整体性景观序列特性。沿途景观沿着道路顺序展开，就像是一幅连绵不绝的画卷，让人有一种期待之感，并产生愉快体验。曲线形道路上可以适当设置视线引导性元素，如系列的标志性建筑物、景观小品和行道树等，使人在前进时能感受丰富的景观变化。另外，若道路立界面过于连续，则可适当增加通透感，利用街边绿地、水面等自然景观元素介入，或引入自然地形变化，打破道路空间的封闭性，增加景观丰富性。

与曲线形道路相比，转弯半径较小的急转弯道或折线形道路，其视线较封闭，更易出现戏剧性场景变换。

三、道路节点设计

两条或多条城市道路交会在一起，构成了城市道路节点，一般可分为平交口和立交口。其中，普通交叉路口和交通岛路口都属于平交口。交通岛路口通常为环状，也可根据城市功能和需求的不同采取其他形式。

在城市道路节点的景观设计中，要注意没有建筑物、树木等阻碍驾驶员视线的东西，在道路交叉口种植的植被主要是易修剪的低矮灌木、花卉、草坪。另外，对主要交通岛路口的景观设计也要考虑与之相对应的主题，采用某种形式来凸显主题。

立交桥又叫立交道路节点，既具有突出的通行功能，又因其庞大的体积而收获关注，并以其巨大的体量急剧地改变着城市环境，深刻地影响着城市风貌。设计者应该将雄伟或精致的外形、合理而完美的结构、具有艺术美感的桥面装饰、变化的色彩和护栏的造型等作为道路景观的节点。在立交桥中，匝道和主线、匝道和匝道之间形成封闭式空间，为了达到绿化的目的，通常种植植被。但是，在立交桥的绿化中，要特别关注交通安全需求，要给驾驶员留下充足的视距空间，并重视对行车的引导性。与此同时，还要考虑驾驶员的驾驶心理，合理规划与之相适应的植物品种。

四、道路绿化设计

（一）道路绿化设计的原则

城市道路绿化设计的原则体现在以下几个方面。

第一，均衡分布，比例合理。为了满足市民的生活和休闲需求，推动城市的旅游业发展，城市的绿色空间布局应该保持平衡。根据服务半径的合理要求，结合城市生态环境的改善，对不同层次的城市公园绿地进行均衡配置，以满足人们的生活、休闲需求。与城市道路和水系规划相结合，构建出带状绿地，将各类绿地联系起来，使它们彼此衔接，组成城市绿色网络。

第二，结合当地特色，因地制宜。在选用各类绿地时，应考虑当地的文化特色及文化内涵，充分利用原生态的自然风貌特征、地理因素等，并根据规划指标进行合理规划。

第三，远近结合，合理引导城市绿化建设。从城市建设规模、发展规模等方面出发，提出合理的阶段性建设目标。需要注意的是，在制定分期建设目标时，要以城市绿地的自身发展规律与特征为参照因素，且后期制定的各类绿地的发展速度应不低于城市发展的要求，从而才能保持一定水平的绿地规模。

第四，分割城市组团。城市绿地系统的规划布局应结合城市组团的规划布局。理论上每 25 ～ 50 平方千米，需建设 600 ～ 1000 米宽的组团分割带。同时需要注意组团分割带要科学地建设，不能破坏城市的保护地带。

（二）行道树设计

行道树是道路绿化中运用最为普遍的一种形式，几乎在所有的街道两旁都能见到其身影。行道树的种植方式有两种，即树池式和种植带式。

1. 树池式设计

在行人流量大或较狭窄的道路，常采取树池式设计。树池可以是圆形的，也可以是方形的，但它的边长或直径不能少于 1.5 米。方形的树池短边应该超过 1.2 米，长宽比大约是 1∶2。方形的树池与建筑物搭配起来比较和谐，而圆形树池通常被用在街角的圆弧转角处。

行道树应栽种于树池的几何中心，尤其是圆形树池。方形或矩形树池允许一定的偏移，但要符合种植的技术要求，即树干距行车道一侧的边缘不得小于 0.5 米，离街道的路缘石不小于 1 米。

为防止行人进入树池，可将树池的四周高度设置得高于人行道面 6 ～ 10 厘米。但这也会导致路面雨水无法流入树池，针对浇水不便或少雨的地方，则应将树池与人行道面做平，池内的泥土略低，以便使雨水流入。必要时可在树池上铺设留有一定孔洞的保护盖。

由于树池面积有限，会影响水分及养分的供给，从而会导致树木生长不良。同时，不仅树间增加的铺装会提高造价，而且其利用效率也并不太高。所以，在条件允许的情况下，应尽可能改用种植带式。

2. 种植带式

种植带式设计是指在人行道的外面留下一段未铺设的绿化带。需要注意的是，在人行横道和人流量大的建筑物入口处，为了方便行人通过，应该将其截断或隔开一段距离。

有些城市某些路段的人行道设置较宽，除在车道两侧种植行道树外，还在人行道的纵向轴线上布置种植带，将人行道分为两半。内侧供附近居民和出入商店的顾客使用，外侧则为过往的行人及上下车的乘客服务。

在种植带中，行道树除了选择高大的乔木外，还可以在其中种植草、花卉、灌木和绿篱。在种植带达到一定的宽度后，可将其规划为一条林荫道。

综合各方面的功能，种植带式绿化带都较树池式绿化带有利，而且对植物本身的生长也有好处。

（三）交叉口绿化设计

城市道路交叉口是车辆和行人集中交会的场所，交通流量大，容易相互干扰，因此交通事故时有发生。为了解决道路交叉口人车混杂的问题，必须采取一些对策。其中，对交叉口绿地进行合理的规划是一种行之有效的方法。

道路交叉口的绿化设计主要是在街角种植行道树，形成交通绿岛，同时还包括一定数量的装饰绿色空间。为了确保行车安全，交叉路口的绿化布局要注意不能对驾驶员的视野造成遮挡，所以在视距三角区内不应有阻碍视线的遮挡物。位于交叉口中心的交通绿岛具有组织交通、约束车道、限制车速和装饰街道的作用，依据不同的功能又可以分为中心岛（俗称“转盘”）、方向岛和安全岛等。

1. 中心岛

中心岛主要用以组织环行交通，进入交叉路口的车辆一律作逆时针绕岛行驶。中心岛的平面常为圆形，若街道相交的角度不同，也可采用椭圆、圆角多边形等。其最小半径与行驶到交叉口处的限定车速有关，目前我国大中城市所采用的圆形中心岛的直径一般为 40 ～ 60 米。虽然中心岛具有相当的面积，但主要用于组织交通、提高交叉口的通行能力，所以不能设计为供人游憩的小游园。

一般中心岛以嵌花草皮花坛为主，或以常绿灌木组成简洁明快的绣像花坛，中心部位可以设立雕塑或种植体型优美、观赏价值较高的乔木、灌木，如北方常用雪松、银杏等，南方常用香樟、榕树等，用以突出景观的主体。

2. 方向岛

方向岛主要是指引车辆的行进方向，约束车道，使车辆转弯慢行，保证安全。绿化以草皮为主，面积稍大的方向岛可选用尖塔形或圆锥形的常绿乔木种植于指向主要干道的角端，而在朝向次要街道的角端栽种圆球状树冠的树木以示区别。

3. 安全岛

安全岛是为行人横穿马路时避让车辆而设的。若行车道过宽，应在人行横道的中间设置安全岛，以便行人过街时短暂地停留，以保障安全。安全岛的绿化主要使用草皮。

（四）分隔带绿化设计

设置分隔带的主要目标是实现人与车、机动车与非机动车之间的分离，保持安全距离，同时使车辆行驶速度更快。

分隔带的宽度与街道的总宽度有关。高速公路和有景观要求的城市道路上的分隔带宽度可超过 20 米，通常为 4 ～ 5 米。城市主干道的分隔带宽度可以适当缩短，但不能短于 1.5 米。在分隔带内，主要是种植草皮和低矮的灌木，不能种植太多高大的乔木，尤其是在快速干道上。因为司机在高速行车中，两旁的乔木飞速后掠会造成眩目，而入秋后落叶满地，也会使车轮打滑，容易发生事故。城市街道的分隔带允许种植乔木，但间隔要视车辆的速度而定，一般是以能看到对面的车辆和行人的状况为准。草皮、灌木、花卉、绿篱等分隔带内的植物之间要有一定的距离，高度也不能超过 70 厘米，否则会影响驾驶员的视野。

为便于行人穿越马路，分隔带需要适当分段。除了高速公路的分隔带有特殊的规定外，一般在城市街道中，分隔带以 75 ～ 100 米为一段较为合适。此外，分隔带的中断处还应尽量与人行横道、大型公共建筑及居住小区等的出入口相对应，以方便行人的使用。

（五）街旁绿地设计

街旁绿地主要是临街建筑与街道红线之间的绿化带，其设置对保护环境、美化城市街景具有十分重要的意义。对于沿街的公共建筑，适当辟出一定的绿化面积不仅可给行人、车辆留出缓冲的空间，还能烘托和装饰建筑，起到为之增色的作用。所以近年来，许多城市对临街建筑的兴建或改建，都提出了留有绿地的要求。而像上海等老城区的部分街道无法新增街旁绿地时，设计者采取了破墙透绿的做法，用透空的铁篱替代厚实的砖墙，将原本被围于墙内的植物经整治后引入街道，两者相互交融，获得了良好的效果。

街旁绿地的形式与布置会因场地特性的不同而有所差异。此外，还需注意相邻绿地间风格的协调统一，以免差异过大而造成主次不分。可用作街旁绿地的地方往往也是地下管线埋设较为集中的位置。考虑到管线施工，要尽可能少用乔木。即便需要栽种，也应注意相互间的距离。在较狭窄的街旁绿地上，应以草皮为主，四周可用花期较长的宿根花卉或常绿观叶植物，再用沿阶草、马蔺等予以镶边；或者内用低矮灌木，外侧围以麦冬、葱兰等多年生草本植物。较宽的街旁绿地则可适当点缀部分花色艳丽的花灌木，如石榴、碧桃、樱花、海棠等。

第二节　庭院景观设计

一、庭院景观空间

庭院景观空间既是人们的生活空间，需满足各种使用功能的要求，又是艺术空间，能够带给人们美的享受。一片空地，不存在参照尺度，就构成不了空间，一旦添加了空间实体进行围合便形成了空间。空间围合物的尺度、形状、色彩、质感及组合情况决定了空间的性质与特征。

地、墙、顶是景观空间最基本的围合物。庭院中的地、墙、顶表现形式多样，如墙可以是实际墙体，也可以是植物、山石或花架等建筑小品构成的墙体。庭院空间围合物的多样性，加上灵活的空间处理，形成了不同的景观空间类型。

庭院景观空间类型按空间开敞程度可分为三种：开敞空间，此类空间四周没有高出视平线的景物屏障，是开阔、外向的空间；私密空间，四面被高出视平线的景物环抱起来的空间，具有较强的私密性；半开敞空间，此类空间介于开敞空间与私密空间之间，通常一面或多面视线受到限制，而其余的面较为开敞，具有一定的方向性，指向封闭较差的开敞面。

庭院景观空间类型按空间动静可分为两种：静态空间，以静态观赏为主的景观空间，是能够让人驻足、停留、休憩的空间；动态空间，此类景观空间以动态体验为主，强调空间序列的变化及人们在游览过程中的观景感受。

庭院景观空间类型按空间主景可分为五种：地形空间，以山水地形为主营造的空间，此类空间最能影响人们的空间感受；植物空间，以植物为主营造的空间，多呈现季节性的变化；建筑空间，以建筑为主营造的空间，通常层次丰富、内外交融；园路铺地空间，由园路或铺地为主营造的空间，能形成良好的休憩与活动场所；地形、植物、建筑、园路铺地等共同配合形成的空间，内容丰富、景观效果好。

二、庭院景观的设计原则

（一）以人为本

一个好的庭院景观要考虑到方方面面，庭院景观在满足艺术美观的基础上，还需要满足使用者的功能需求。在设计过程中，需要静下心来，真正地观察和总结人们的心理特性和需求，通过作品呈现真正地做到人们所需要的以人为本，满足不同人群的活动要求。

（二）因地制宜

1. 气候的因地制宜

不同地域的场地，其气候特点各不相同。在设计时要遵循当地的气候规律，合理地利用气候条件，让它服务于设计，而不是破坏景观。只有符合当下气候条件的景观才能长久存在。此外，通过植物的合理配置还能创造出不同的微气候环境，进而服务于使用者。

2. 地形的因地制宜

庭院地形的因地制宜主要体现在两方面：一是地貌形态，二是水体再加工。这关系到景观的最终呈现效果。如果不能很好地处理地形，不仅会影响景观的观赏效果，而且还会影响人们的生活质量。所以，在进行景观设计时，必须遵循一些基本的原则。

要在一片土地上营造出多种类型的景观，必须对其进行适当的地形处理，方法有三种：一是在较低的地方挖湖，二是在较高的地方堆山，三是平整土地。依据地形，组织景观的空间变化，控制游览路线，合理分布各组成要素，创造出自然优美的景观，满足人们观赏、休闲等生活需要。

地形是一个有机的整体，各要素之间相互联系、相互影响、相互制约。因此，庭院景观设计中的地形处理要考虑到排水、绿化等多方面的需求，力求做到与周边环境相融合，自然过渡。

3. 植物的因地制宜

植物的因地制宜要考虑到影响植物生长的各方面，如气候、水体以及种植成本等。在进行植被配置的时候，一定要谨慎选择植被的种类，尽量以当地生长状况好的树木为主，合理搭配具有较高利用价值的植被，从而有效地减少后期的养护费用。在选择外来植被物种时，要考虑其入侵性，植被配置要符合生态学需求，而不是单纯追求观赏性。

我国北方地区较为干旱，冬冷夏热，需要充分考虑植物的耐寒性、耐旱性及常绿落叶占比，兼顾冬季景观。华南地区夏季高温高湿，在选择植物时需考虑耐热耐湿的植物，并结合通风来改善。

4. 水景的因地制宜

庭院内水景的因地制宜主要考虑的因素是院中地形及局部意境。在漫长的历史发展过程中，人类早期生活的地点通常是沿着河道、海岸分布的。在人的生活和生产中，水是不可或缺的物质，而水除了是一种生活所必需的物质，还给人带来了视觉上的美感。清泉潺潺，湖泊如镜，河流奔腾，瀑布飞泻，各式各样的水景都呈现出独特的美。在设计水景前，必须充分考虑地形地势，如果人为地将地势的高低进行倒置以创造出一种水景，既耗时又耗财。对于水资源缺乏的区域，可以适当考虑建立虚拟水景。在小型景观中，应尽可能地避免出现大型水景。

5. 建筑物的因地制宜

庭院内的建筑要与景观相协调，合适的建筑可以为景观增添色彩，让景观更有韵味。而如果搭配不当，建筑与周围的景观格格不入，则会让整个庭院的景观变得突兀、杂乱，美感大打折扣。建筑不仅是景观的一部分，而且会对整体景观产生影响。它具有改善庭院局部小气候、影响庭院游览视野和邻近要素的景观作用。

建筑的风格特征、规模，以及墙壁和屋顶的色彩、质地、细部构造等都将对建筑周边环境的构成产生直接的影响。如果建筑的外表很粗糙，墙壁的颜色很深，或者没有细部的纹理，就会给人一种僵硬、冷漠的感觉。而明亮的色彩、精致的造型、细腻的纹理以及人性化的细节，则会给人一种亲切感和温暖感。

（三）与文化的结合

中国文化具有很强的包容能力和适应能力，这是它数千年来不中断地传承和发展的基础。在今天的景观设计中，怎样增强文化的适应力，并将其合理、有机地融入作品设计中是值得深思的问题。概括而言，在考虑文化融合时需要遵循以下几个原则。

1. 历史性原则

景观不仅是空间上的三维实体，还具有一种很重要的时间属性，在历史中留存下来的景观是时代信息的载体。历史性原则就是在保留原有景观的基础上，在保持和延续传统文化的同时，利用新的设计手法创造出新的独具特色的历史性景观。

2. 空间性原则

由于区域文化的差异和经济环境的制约，各地区的景观文化具有多样性。所以，为了延续历史文化，保存城市景观所承载的历史信息，就要使景观在空间上具有一定的连贯性，与其周边的历史空间、文化肌理产生共鸣。

3. 多样性原则

景观在满足观赏和功能需求的基础上，演绎出了形态多样、功能齐全的景观形态，这也是人们物质生活多元化的体现。在进行景观的设计时，在总体的景观布局上要做到协调统一，但是也不能使用太过雷同的设计理念，不然就会出现很多相似而没有新意的景观。因此，要结合每一区域的特点，在满足功能要求的同时，尽量丰富景观的多样性。

第三节　居住区景观设计

一、居住区的设计原则

（一）整体性原则

居住区的景观设计应遵循整体性的原则，充分利用自然的优势。在居住区的景观设计中，要兼顾自然与人文两个方面，坚持以人为本的基本思想，充分利用环境资源，发挥主观能动性，营造一个人与自然和谐共存的良好人居环境，使之在不影响自然美感的前提下，也能满足人的生活需求，达到人与自然的和谐统一。现代居住区的景观设计的主题必须与其整体定位相统一，这样才能更好地将景观的自然性与人文性有机地融合在一起，才能使居住于此的人们有更好的居住体验。

（二）生态性原则

自然先于人而生，因此，尊重大自然、顺应大自然、与大自然和谐共处，不仅是人的天性，还是居住区景观设计的一项基本原则。居住区的景观设计应充分考虑自然环境，对原有的自然资源进行合理的开发和利用，以达到在不破坏自然的条件下，满足居民对自然环境的需求的目的。在景观设计中，应对人文景观进行合理的布置，使其与自然景观协调一致。尤其是在科技高度发达的当下，要充分运用科技手段，研究、开发和应用新材料，创建一个整体有序、和谐共生的良好生态体系，为人们的生活和发展提供一个良好的环境。

（三）舒适性原则

在居住区的景观设计中，舒适性原则主要表现为居住的舒适度和外观的美感。舒适度既是人们对于生活环境的基本要求，又是最高要求，是视觉和感觉的统一。一个好的人居环境设计，可以使人达到物质上和精神上的双重享受。要达到舒适性原则的要求，应从以下三个方面进行努力。

第一，规划布局。规划布局是影响舒适度的最主要因素，它关系到整个居住区的景观设计能否体现出舒适度。规划布局应与居住区的本地人文景观、自然环境相结合，对本地自然环境要了解透彻，形成明确的构架与层级。根据本地的自然特点，从总体上进行规划，以达到居住环境的舒适度要求。

第二，住宅本体的形式美。住宅的规模应适当，既不能过大，又不能过小，尺度要合适，才能符合人们对家的情感诉求。住宅最主要的功能是居住，但在某些特定的区域，还需要具备抗震、节能等功能。在我国，单元组合形式的集中式住宅在城市中占有相当大的比例，这就使得城市的居住区景观呈现出一种整体美。

第三，环境设施。要想实现居住景观的舒适度，环境设施是必不可少的因素，它具有很高的使用价值和观赏功能，可以给人们的生活带来很多乐趣。环境设施包括健身设施、儿童游乐设施、道路指示牌以及休闲凉亭等。这些与人们的居住生活品质密切相关，也是舒适性原则的一个重要体现。如果设计得好，也能达到陶冶人们情操的目的。

二、居住区绿地景观设计

城市居住区的绿地是指居住小区或居住区范围内，除住宅建筑、公建设施和道路用地以外，用于布局绿化、园林建筑及建筑小品，从而提高居民居住的生活质量的区域。居住区环境的绿地规划构成了城市整个绿地系统点、线、面上的主要组成部分，是最接近居民的最为普遍的绿地形态。

（一）绿地景观的功能

居住区绿地的景观与居民的生活密切相关，居住区绿地的功能能否满足人们日益增长的物质、文化生活的需求，已成为当今城市居住用地规划所需解决的首要问题。居住区绿地的功能可以大致概括为使用功能、景观功能、生态功能、文化功能四个方面。

第一，使用功能。居住区绿地有极高的使用效率，户外生活是居民必不可少的生活组成部分。居民可凭借楼栋前后的绿地、组团绿地或中心花园，可以充分自由地开展丰富多彩的绿地休闲、游园观赏活动，有利于人们的康体健身。此外，特别是在地震、火灾等非常时期，居住区绿地有疏散人流和避难保护的作用。

第二，景观功能。居住区的绿化除了美化环境外，还可以遮盖不雅观的环境，以绿色景观协调整体社区环境。因此，居住区绿地是形成视觉景观空间的环境基础。

第三，生态功能。相关研究表明，居住区绿地能有效地改善居住区内环境的小气候，提供温湿调节服务。此外，居住区绿地还能相对地起到净化空气、吸附尘埃、降低噪声的作用。

第四，文化功能。居住区的绿地景观，在创建文明社区的基础上，还需具备一定的文化品位。温馨的家园除了有视觉意义上的优美外，还应结合文化景观综合评价。高品质的复合型空间，均有利于促进邻里交流、启迪孩童心智、享受健康和谐、积极向上的社区文化生活。

（二）居住区绿地景观设计的原则

设计居住区绿地景观时，首先须分析居住区居民的数量、年龄、经济收入、文化程度和喜好等。不同阶层的使用者对居住小区景观规划设计的需求也会有明显的差别，主要体现在以下几方面。

第一，准确定位。在进行景观规划设计时，首先必须考虑用地规模和地价等土地适用性评价；其次须确定服务对象，有针对性地来设计居住小区景观。

第二，周边环境资源的利用和再开发。居住区周边环境包括地理交通、历史渊源、文化内涵和自然生态环境等。在设计居住区景观时，可以借用多种造景手段，将居住区周围的自然景观、人文景观等融入居住区的景观序列中，从而创造出宜人的自然山水景观。

第三，可持续发展原则。受不同形态基地内的原有地形、地貌的影响，在对居住区景观环境进行设计时，首先应在尊重原有自然地形、地貌的条件下，秉持可持续发展的思想，从而在维护和保持基地原有自然生态平衡的基础上进行布局设计。

第四，居住区景观的渗透与融合。在总体规划上，要使居住区小景观与城市大景观保持和谐统一。居住区的景观设计是对城市景观设计的一种延伸和过渡，它能让人从进入居住区到走进住宅，一直处于一种令人愉悦的生态环境之中。

（三）居住区绿地景观设计的要求

居住区绿地景观设计应以宅旁绿地为基础，以公共绿地为核心，以道路绿地为网络，以公共设施绿地为辅，使小区绿地自成系统，并与城市绿地系统相协调。居住小区规划设计规范规定新区建设绿地率不应低于30%，旧区改建不宜低于25%；各绿地的入口、通路、设施的地面应平缓、防滑，有高差时应设轮椅坡道和扶手；绿化要求做到尽量运用植物的自然因素，使得居住小区四季都保持生机。

（四）居住区植物的配置与选择

居住区植物的配置选取，需要充分考虑绿化对生态环境的作用和各种植物的组织搭配产生的观赏功能，同时还要因地制宜，选取符合植物生长习性的品种，以科学的方案构建出和谐的园林之美。

1. 居住区植物的配置原则

（1）层次性和群体性原则

居住区的绿化要重视植物的观赏功能，植物配置要有层次性和群体性的特征。具体来讲，应该将乔、灌、草合理搭配，充分考虑常绿与落叶占比，速生与慢生占比等，在空间上形成错落有致，在时间上形成季相变化，从而创造出优美的居住环境。

（2）符合植物生长习性的原则

在一定的地区范围内，都有符合当地气候的植物。居住区内植物的选择要符合它们的生长习性，否则会产生“橘生淮南则为橘，生于淮北则为枳”的不良后果。选择符合该地区气候条件的植物种类，才能在日后的生长过程中产生良好的生态与观赏效益，同时也便于集中管理。

（3）多种栽植方法的原则

除了在小区主干道等特定区域要求列植以外，通常会采用孤植、丛植、对植相结合的方式，创造出丰富多样的植物景观。植物种类不宜过多，应尽量保持景观形态的多样化和整体的统一性。

（4）提高绿地生态效益的原则

居住区环境质量的提高很大程度上归功于绿色植物产生的生态功能，绿色植物能有效降低噪声污染、净化空气、吸滞烟尘。绿化过程中，在保证植物观赏功能的基础上，应侧重其生态环境方面的作用。一般通过对植物种类的选取和组合配置，能产生较好的生态环境效益。

2. 居住区植物的选择

（1）以乡土树种为主

乡土树种多指一个地区内较为常见、分布广泛、生命力顽强的树木。它们非常适应当地气候，成活率很高，在较长的历史时期内都能健康生长。居住区树种的选择常以“适地适树”的乡土树种为主，既降低了栽植的难度，又能节省运输成本、便于管理。此外，还可搭配经过驯化的外来植物种类，丰富植物景观。

（2）以乔木、灌木为主

乔木是城市园林绿化的主体植物种类，给人以高大雄伟、浑厚蓊郁的感受。居住区植物的选取同样以乔木、灌木为主，同时搭配草本及地被植物，不仅可以形成色彩丰富、季相多变的整体植物群落，还能产生良好的生态环境效益。

（3）耐阴凉植物和攀缘植物

由于居住区内建筑较多，会形成许多光照较少的阴面，这些区域内应选择种植一些耐阴凉的植物，如玉簪、珍珠梅、垂丝海棠等。另外，攀缘植物在居住区绿化中也有十分广泛的应用，在一些花架和墙壁上，通常会种植常春藤、爬山虎、凌霄等。

（4）兼顾经济价值

居住区绿化应首先考虑植物的生态功能和观赏功能，有便利条件的地区还可以在庭院内种植一些管理比较方便的果树、药材等。在收获的季节，不仅丰富了小区的景观，还能产生一定的经济效益。

三、居住区道路及铺地景观设计

居住区道路按功能需求可分为三种：一是小区级路，即采用人车混行方式，其路面宽度一般为 6 ～ 9 米；二是组团级路，即接小区路、下连宅间小路的道路，一般以自行车通行和人行为主，路面宽度一般为 3 ～ 5 米；三是宅间小路，即住宅建筑之间连接各住宅入口的道路，主要供人行，路面宽度不宜小于 2.5 米。

小区的游步道的设置宜曲不宜直，宜窄不宜宽，要考虑到道路本身的美感，如材质的不同质感和肌理对居民的审美感受。同时，要严禁机动车辆通行，保证居民走在其中安全、放松、舒适。

居住小区铺地主要是车行道、人行道、场地和一些小径，除满足舒适性、方便性、可识别性等需求外，还要创造具有美感的铺装效果。例如，小区行车道路的铺地材料一般主要以沥青或水泥为主。而绿地内的道路和场地一般采用透水、透气性铺装，栽植树木的场地必须采用透水、透气性铺装材料。

四、居住区标志性景观及设施设计

每个住宅小区都有自己的标志性景观形象，它反映了小区的设计理念和文化。标志性景观形象的外观形态有多种表现形式，常见的有雕塑、建筑壁画等。另外，居住小区一般都会有娱乐设施，它包括成人健身、娱乐设施和儿童娱乐设施等。娱乐设施要与居住区间隔 10 米以上，防止噪声传播，特别是儿童娱乐设施，要建造在阳光充足的地方，有可能的话，应尽量设置在相对独立的空间中。

入口是小区的门面，直接反映出小区的档次。入口的表现形式多种多样，风格大体分为中式、欧式、现代式、田园式等，材料以各种建材和金属为主。

照明是小区设计的重要景观构成要素之一，它在满足照明的功能基础上，还能起到衬托景观的作用。所以在照明设计上，要充分利用高位照明和低位照明相互补充，路灯、泛光灯、草坪灯、庭院灯、地灯等相互结合，营造富有目的和氛围的灯光环境。

标识牌、书报栏是小区信息服务的重要组成部分，也是体现小区文化氛围的窗口。

此外，小区中一般都设有标牌，其目的是引导人们正确识别线路，尽快到达目的地，为居民带来舒适和便利。标识牌可以笼统地分为六大类：定位类、信息类、导向类、识别类、管制类和装饰类。标识牌的指示内容应尽可能采用图示表示，说明文字应按国家通用语言文字表达。

五、居住区的水景设计

小区中水景设计的主要表现方式有喷泉、溪流、池水、跌水等。设计水景时，要充分考虑儿童的活动范围及安全性。因此，设计时既要符合儿童喜欢戏水的天性，又要有适于他们的尺度。例如，水位稳定的池塘，石面要比水面高出 10 ～ 20 厘米，这样使得其在安全上可靠，而且夏天儿童还能在水中嬉戏。需要注意的是，石块或水泥制品放置于水中时一定要稳固。

第四节　城市开放空间景观设计

一、广场景观设计

广场通常是城市居民社会生活的中心，主要是供人们活动的空间。广场上布置设施和绿地，能集中地表现城市空间环境面貌。广场根据不同的形式与规定，其表现作用不同：如位于城区主干道交叉路口的广场，其主要功能是对交通进行组织疏通；而其他广场大多是根据居民的日常生活与休闲活动，以及人们对于城市空间环境不断提高的美学与艺术性的需求而建造的。

（一）广场的设计原则

第一，以人为本的人性化设计。广场设计最重要的一个原则是其功能要满足人们的需求。因此，将以人为本的思想贯彻到设计过程中是广场设计的核心。所有的人造环境，都是人们为了自己的活动需要而创造出来的。

第二，适宜的空间尺度。广场的规模大小对人们的情感、行为等有很大的影响。从环境心理学的观点来看，所谓场所，就是要突出人们在其中的知觉、情感和行为。人与人之间的交流，是有距离限制的。人与人交谈时，相隔 0.9 ～ 2.4 米，能清晰地听到声音的细节；12 米之内，人的表情能看得很清楚；大约 24 米之内，能辨认出人物身份；在 150 米的范围内，能分辨出人体姿势；1200 米则已经是能看到对方的极限距离了。

第三，充分考虑气候条件。广场的设计要素通常包括绿化、水体、路面等。这些要素的使用比例应如何搭配、如何规划，才能让它们的作用最大化，都需要考虑到当地的气候和环境条件。

第四，遵循人们行为及活动需要。人们在广场上从事各类休闲娱乐活动，不管是个体的单独行动，还是群体的相互交流，都表现出了私密与公众的双重特征。人们往往比较喜欢视野较大，同时又有一些遮挡和支撑点的位置。除此之外，广场上的各种设施，也要按照人体的尺寸来设计，这样才能让人感觉到舒适。

第五，具有地方特色文化。结合地方特色文化，能在很大程度上增强广场的可识别性，同时也能传承城市文化遗产。地方特色文化使居民更有归属感，而这种亲切感、认同感对人们社会生活的参与程度有很大的影响。同时，对于外地游客来说，他们是否记得曾经去过的那个广场，当地的特色文化也是一个很重要的因素。

第六，系统与整体的设计。系统与整体的设计是指广场与整个城市的设计规划要具有统一性，以及广场内部的各要素要协调。考虑到城市广场的多功能发展需求，可以通过功能分区的方式，把城市广场分成几个子空间，形成一个个小体系。每一个子空间都有一个或两个不同的功能，而几个子空间结合在一起，就形成了一个完整的广场体系。在分区的时候，要保持每个区域的独立，但不能把每一个子空间的范围都设计得过小，否则会让人感觉到对个人隐私的侵犯。子空间也不能太大，否则即使是一群人共处也不会有亲切感。

（二）广场的面积设计

广场面积大小及形状可以依托不同的要求进行设计，具体表现在以下两个方面。

1. 功能要求方面的设计

不同属性的广场对于功能要求有所差异。电影院、展览馆前的集散广场，其设计要求应满足在短时间内完成人流及车流的聚散。交通广场应符合车流运行的规律和交通组织方式，同时满足车流量大小的要求，并且还要有相应的配套设施，如停车场和基础公用设施等。

2. 观赏要求方面的设计

在形体较大建筑物的主观赏面方向，适宜设置与其形体相称的广场。若在有较好造型建筑物的四周适当地为其配置空场地或借用建筑物前的城市街道，则可以更好地来展示建筑物的面貌。而建筑物的体量与配套广场之间的关系，可根据不同的要求，运用不同的手段来解决。有时打破固有模式，调整建筑物与广场之间大小的比例关系，更能凸显建筑物高大的形象。

（三）广场绿地景观设计

在广场上合理布置景观设计要素可以丰富广场空间，提高艺术性。

1. 铺装设计

地面铺装是广场设计的重要部分。由于广场地铺面积比较大，在整体视觉感受上，它的形状、比例、色彩和材质，直接影响到广场整体形象及各局部空间的趣味。地面铺装的要素设计主要体现在以下几个方面。

（1）图案设计

在采用一些较为规则的材料铺设与视平线平行或垂直的直线时，往往能够扩展游人对深度和宽度的感知，增加人们的空间概念。图案的形状及铺装也会带给人不同的感受，单数边的图形往往动感较强，多出现在活动区的场地铺设中，而规则的偶数边形状常给人稳重、安静的感觉。此外，应用于场地铺装的图案应当尽可能简单明确，易于识别和理解，切不可设计得过于烦琐而使游人理解不到设计者的意图。

（2）质感设计

广场的场地铺设不同于室内的场地铺设，可以赋予大尺度的外部空间更为深远的意义。例如，自然石材可使空间贴近自然，让游人倍感亲切和放松。人工石材虽缺乏自然石材的天然质朴，却处处体现出现代社会的科技含量。在进行广场场地铺设时，要根据空间大小选择不同质感的铺设材料。通常，如麻面石料和花岗岩等质感较为粗糙的材料，适合大空间的场地铺设。对于小空间来讲则恰恰相反，圆润、精巧且体量较小的卵石等质感细腻的材料能给人以舒畅、精细的亲切之感。同时，材料自身不规则的形态也丰富了场地的层次。

（3）色彩设计

色彩是营造广场气氛、切合广场主题的最为有效的手段。从广场整体环境出发铺装的色彩一般在广场中不作为主景存在，只是作为衬托各个景点的背景使用。因此，色彩设计应当同整个广场的环境相协调，同各个区域的应用主题相吻合。如儿童活动区可从儿童的属性出发，运用活泼明朗的纯色铺装材料和简单规则的铺装形式；安静休息区应当采用具有安定气氛的、色彩柔和的铺装材料和铺装形式。

（4）排水性设计

在具有一定坡度的场地和道路上，要考虑排水设计。通常情况下，可以铺装透水性花砖或透水性草皮来解决这一问题，以避免因道路积水而影响游人正常行进。

（5）视觉性设计

通过铺装所采用的不同线条形式起到指引游人的作用，直线形线条能使游人视觉产生前进性，从而引导游人深入前进。众多线条呈现出一定的汇聚性，并最后交结于某一景观的形式，则是引导游人向景观处聚集观赏。

2. 绿化设计

由于广场性质有所不同，绿化设计也应有相应的变化来适应主题。不能千篇一律、形式单一，或随意种植、凌乱无序，为绿化而绿化。具体的绿化手法和植物品种选择，要根据地域条件，文化背景，广场的性质、功能、规模，植物养护的成本和周边环境进行综合考虑。结合表现主题，运用美学原理进行绿化设计。如文化广场常侧重简洁自然、轻松随意，在设计过程中，则可多考虑铺装与树池及花坛相结合等形式。立足于植物种类的生物学习性及生态习性，科学合理地进行植物配置，营造与性质匹配的风格。

3. 雕塑设计

雕塑是一种雕刻的立体艺术，它需要根据不同类型的主题因素进行塑造，因此，它具有强烈感染性的造型。对广场雕塑进行设计时，需要根据广场的类型及主题进行塑造，使它与整个广场空间环境相融合，并成为其中的一个有机组成部分。例如，广场和道路休憩绿地可选用人物、几何体、抽象形体雕塑等。在对雕塑的位置、质感、形态、尺度、色彩进行考虑时，需要结合各方面的背景关系，从整体出发，不能孤立地考虑雕塑本身。

由于现代广场在设计上需要重视环境的人性化特征和亲切感，因此，雕塑的设计应以亲近人的尺度为依据，尽量在空间上与人在同一水平线上，从而增强人的参与感。

4. 水景设计

广场水景主要以水池、跌水、瀑布、喷泉的形式出现。广场水景的设计要考虑其大小尺度是否适宜。在设计水体时，不要漫无边际地设计大体量水体景观，避免大体量水体的养护出现困难；相反，一些设计精致、有趣、易营建的小型水体，颇能体现出曲水流觞的设计美感。

喷泉是广场水景最常见的形式，如影视喷泉。在巨大的面状喷泉水幕上投放电影，通过趣味性的成分增加喷泉的吸引力，使其成为广场重要的景观焦点。设置水景时要考虑安全性，应设有防止儿童、盲人跌撞的装置，周围地面应考虑排水、防滑等因素。

5. 广场小品设计

广场小品设计主要指独立的小型艺术品设计，如花架、灯柱、座椅、花台、宣传栏、小商亭、栏杆、垃圾桶、时钟等。景观小品在广场设计中起到了画龙点睛的作用，它能够起到强化空间环境文化内涵的作用。因此，它的设计要结合该城市的历史文化、背景，并寻找具有人情风貌的内容进行艺术加工。广场小品的材质、色彩、质感、造型、尺度等要符合人体工学原理。

二、公园景观设计

（一）影响公园景观设计的因素

公园作为城市环境的重要组成部分之一正发挥着越来越重要的作用，也正是因为公园的存在和不断发展才给予今天的城市生活更多的品质保障。

在城市市域范围内面向社会公众开放服务的公共区域统称为公园。城市公园以满足城市居民休闲娱乐、聚会交流、康体健身等需求为主要目的。

1. 自然因素

自然因素主要是指公园所处环境中的客观要素，如地形地貌、植被条件、栖息物种、气候特征、光照情况等。这些因素是公园的存在基础，也是公园的特质所在。在设计中需要深入了解和认识，充分掌握自然因素的全面信息，才可能协调好以上自然因素与公园建设之间的关系。公园景观设计质量的优劣的重要考察标准就是能否妥善协调和整合各自然因素的关系。公园景观设计需要充分尊重和保护基地客观条件，因地制宜，充分用好现有自然景观资源，才能使公园更好地融于环境，融于城市整体之中。

2. 人文因素

人文因素在公园设计中强调尊重市民观感，公园的设计建造归根结底都是服务于大众的。因此，无论是环境营造、主题设定、文化传承、功能配置，还是历史传统，都要迎合使用公园的主体——市民。城市居民或者游客在公园中的游览、休闲、娱乐或者其他功能体验（生理体验和心理体验），从总体上形成了公园存在的价值。因此，人文因素可以说是公园设计的归宿，也是根本意义所在。公园景观设计过程中需要以人文因素为中心线索，尊重自然因素，结合社会因素全面考虑，才可能设计出优秀的公园景观。

3. 社会因素

社会因素主要是指对公园景观设计产生直接影响的政治环境、经济条件、科学技术等方面的社会力量。公园设计和建设，往往受到以上社会因素的综合影响，在相互作用中形成了不同的公园面貌。这种相互作用更多地理解为社会背景。公园的总体氛围、建设水平、设计质量等都取决于以上社会背景。因此，在公园的景观设计中，还需要留意对社会因素的洞悉，能巧妙利用社会因素为公园的设计规划服务。

（二）公园景观设计要点

公园景观设计因类型和规模的差异，在设计中也有许多不同的地方，但基本规律性的设计要点基本一致。例如，公园的地形整理、交通组织、场地规划、铺装搭配、景观塑造、植物设计等方面都是设计的重点。这些设计要点既相互联系又具有各自独立的特征，因此在设计中需要特别注意。

1. 公园中的地形处理

地形条件是公园景观设计的基础，对地形条件的整理是公园景观设计的首要工作，包括进行地形考察和分析，确定地形保护利用策略、地形改造策略，采取地形整理措施等。总之，应以尽可能小的破坏和代价实现公园的地形整理工作。

在考察现场地形的过程中，需要对场地内的基本尺度、方位和地貌进行踏勘，考察坡度走向、土地构成、植被群落和景观资源等。通过详细调研获取准确、客观的有关地形环境的基本资料，然后结合公园规划设计的基本需求和定位进行分析，以尽可能将设计方案和原始地形进行协调和有机整合，充分体现出原始地形的特色。因地制宜，节省人力物力，避免不必要的地形改造工程，尽量减少土方量。

在对场地地形进行详细了解和全面分析后，拟订基本的保护和利用方案，如对特色景观资源的保护，对自然地貌和植被的保留。根据适宜性匹配原则，针对性地将地形优势与适宜的公园场所规划搭配，如开阔的水域配套散步和观景的功能节点，相对平整舒展的场地配套公共活动广场或者设置景观建筑设施等。这是地形整理的第一步。

对于干扰和阻碍公园设计合理性的地形问题，在无法协调的情况下，需要进行针对性的适度改造。如在公园的出入口与城市道路关系的协调上，往往需要做特别处理。卫生死角或易积水的潮湿污秽区域，这类型环境也是需要重点改造的。另外，道路系统和基础服务系统（如给排水系统、电力系统、安保系统、无障碍系统等）需要对场地地形进行梳理和改善，以便保证公园使用中的安全性和便捷性。在设计方案构思和地形改造策略的深入过程中，需要明确改造的具体实施方法。

公园地形整理工作与设计工作具有一定的同步性，也只有具备相当的同步性才能保障改造工作的目的性和实际价值。地形改造必然有明确的改造目的，最为直接的目的就是为新的公园功能服务。完成了对公园原始地形的整理工作，就基本完成了对公园景观设计的总体规划工作，一个崭新的公园骨架已初步成形。

2. 公园景观设计的交通组织

交通组织是公园景观设计的灵魂，公园中的各功能组团规划和布局需要靠道路系统穿针引线，人们才能领略公园的魅力。道路系统设计的合理性决定了公园景观的品质，同时道路系统本身也是公园景观的一个组成部分。

在进行交通组织的过程中，需要对交通系统的层次、逻辑顺序、转换节奏等方面进行全面考量。

首先，公园无论规模大小，道路系统都有着明确的层次，游园的主干线——主干道往往也连接着城市道路。漫步小径是游园的最低一级道路，是最为贴近受众的身心体验的道路层次。根据公园的大小不同，两者之间可以设置多个层次的道路类型。

其次，是道路的逻辑顺序，也是观园的一般顺序。游园路线既要满足游览的覆盖面和流畅性，又要体现设计者的一番苦心。在游览线路上，设计者合理安排不同的观景、休息、交流娱乐的空间，丰富多样而又一脉相承，逻辑顺序也是相对而言的。公园道路系统往往相互交错，可供游人自由选择，而并非单线串联，否则易使人感到压迫和不自由。

交通组织的转换节奏是强调游园体验的情感变换，由入园起兴到尽兴归去，一幅幅美好画面徐徐展开，又缓缓落幕，使游人产生舒缓流畅、美好完整的游园体验。

3. 公园中的铺装场地设计

公园景观设计的场地整理主要是指根据不同的功能对公园对应场所的适宜性改造，涉及环境围合及立面效果改造、地面铺装改造、场地主题和构成要素改造、场地基础设施改造等方面。因为功能和主题不同，改造的具体重点内容和方式也并不一样，其中地面铺装的改造和设计影响甚至决定了场所中人们的基本活动，因此极为重要。

地面铺装设计的方法多样，形式千变万化，大体上可划分为规则和不规则两种类型。根据场地的功能类型和氛围需要，配置不同类型的地面铺装：在供人休闲娱乐的场所需要轻松自然的铺装格调，供人运动锻炼的场所需要大方整洁的铺装格调，供人快速通行的空间需要简洁的铺装格调，供人漫步观景的步行道需要点缀趣味和变化的铺装格调。总之，无论是场地整理还是地面铺装设计，都需要根据场所功能和氛围进行考虑，归根结底是要尊重受众的身心体验。

4. 公园中的建筑与景观塑造规划

公园中的景观塑造主要涵盖景观建筑或构筑物、景观艺术装置或小品，以及景观功能设施等方面，是公园的重要组成部分。通过景观塑造，公园中的场所氛围能得到升华，场所精神能得以积聚而产生强大感染力，场所功能可以得到补充和完善。

公园景观设计中对景观要素的设计需要注意几点：首先，需要以功能的贴切和便捷为原则，如景观构筑物，为特定的市民活动提供场地，并且具有防风避雨、遮阳纳凉的功效；其次，要考虑景观要素与公园或场所的契合度，如景观元素的文化寓意、尺度体量关系、视觉风格特征、色彩和材质搭配等，总之需要点缀环境又必须融于环境之中；最后，需要准确反映景观要素与场所中其他要素的关系，如空间视线的聚集效应，空间规划布局的重点参照，空间秩序的组织梳理。

5. 公园中的植物景观设计

植物景观是公园景观中不可或缺的组成要素。

公园作为现代城市生活和工作环境中的重要补充，不仅给市民提供了工作学习之外的休闲娱乐场所，还给予现代城市一块自然清新、生态健康的净土。在这里，人们能感受到大自然的四季变迁、鸟语花香的盎然生机。

在生态文明理念下，公园的植被设计也更为科学合理。首先是植物设计理念的转变，曾经以美观新奇为导向的园艺绿化思想已经转变为乡土自然、持续节约的科学绿化理念，提倡利用乡土植物，拒绝昂贵的奇花异果的移植引入，减少人力、财力、物力的耗费。

其次是根据环境中的功能需求和植被特性进行适宜性运用，如用于隔离防护的植物物种需要具有良好的生存能力，并且具有防尘、保持水土、吸收污染等生态功能。选择水体边缘的植被时，需考虑其生活习性，既能增添水域的情趣和景观层次，又能对水体起到净化作用，并为其他水生物提供生存资料。

最后，就是对公园景观的艺术性进行设计创作和构思，公园的植物景观需要根据不同类型的空间呈现出不同的画面美感，或烘托场所的浪漫氛围，或展现环境的神韵，或以热情与活力点缀空间。这需要设计师巧妙运用不同植物的特质和园艺技巧，营造出公园千变万化的景观风情。

参考文献

[1] 曹福存，赵彬彬．景观设计[M]．北京：中国轻工业出版社，2014.

[2] 陈淑君，黄敏强．庭院景观与绿化设计[M]．北京：机械工业出版社，2015.

[3] 成琨，侯婷，张鲁维．景观设计实例教程[M]．武汉：华中科技大学出版社，2016.

[4] 崔莉．旅游景观设计[M]．北京：旅游教育出版社，2008.

[5] 董翠．景观设计原理[M]．武汉：武汉理工大学出版社，2010.

[6] 段瑞静，王瑛瑛．景观设计原理[M]．镇江：江苏大学出版社，2020.

[7] 冯炜，李开然．现代景观设计教程[M]．杭州：中国美术学院出版社，2002.

[8] 郝鸥，谢占宇．景观设计原理[M]．武汉：华中科技大学出版社，2017.

[9] 郝鸥，陈伯超，谢占宇．景观规划设计原理[M]．武汉：华中科技大学出版社，2013.

[10] 蒋卫平．景观设计基础[M]．武汉：华中科技大学出版社，2018.

[11] 矫克华．现代景观设计艺术[M]．成都：西南交通大学出版社，2012.

[12] 黎小铭．道路景观设计与植物配置探讨[J]．低碳世界，2021，11（12）：127-129.

[13] 廖启鹏．景观设计概论[M]．武汉：武汉大学出版社，2016.

[14] 林春水，马俊．景观艺术设计[M]．杭州：中国美术学院出版社，2019.

[15] 林箐，张晋石，薛晓飞，等．风景园林学原理[M]．北京：中国林业出版社，2020.

[16] 林瑛．景观设计[M]．合肥：合肥工业大学出版社，2011.

[17] 刘佳．景观设计要素图解及创意表现[M]．南昌：江西美术出版社，2016.

[18] 刘谯，张菲．城市景观设计 [M]．上海：上海人民美术出版社，2023.
[19] 刘彦红，刘永东，陈娟．居住区景观设计 [M]．武汉：武汉大学出版社，2020.
[20] 刘彦红．植物景观设计 [M]．武汉：武汉大学出版社，2017.
[21] 刘钊．现代景观规划设计探索研究 [M]．北京：中国纺织出版社，2021.
[22] 逯海勇．现代景观建筑设计 [M]．北京：中国水利水电出版社，2013.
[23] 马克辛，卞宏旭．景观设计 [M]．沈阳：辽宁美术出版社，2016.
[24] 牛琳．景观设计概论 [M]．武汉：华中科技大学出版社，2016.
[25] 彭军，龚立君，高颖，等．景观艺术设计与表现 [M]．天津：天津大学出版社，2012.
[26] 孙筱祥．园林艺术及园林设计 [M]．北京：中国建筑工业出版社，2011.
[27] 王立方．超实用！小庭院景观设计 [M]．南京：江苏凤凰科学技术出版社，2020.
[28] 王祝根，张青萍．景观设计基础理论 [M]．南京：东南大学出版社，2012.
[29] 吴阳，刘慧超，丁妍．景观设计原理 [M]．石家庄：河北美术出版社，2017.
[30] 吴忠．景观设计 [M]．武汉：武汉大学出版社，2017.
[31] 武静．景观设计原理与实践新探 [M]．北京：中国纺织出版社，2019.
[32] 徐清．景观设计学 [M]．上海：同济大学出版社，2014.
[33] 许亮，刘万彬，谢晓影．景观设计 [M]．重庆：重庆大学出版社，2015.
[34] 叶菁超．景观设计发展方向探讨 [J]．工程与建设，2021，35（1）：43-44.
[35] 喻正南，张耀．后现代主义思潮在景观设计中的运用与启示 [J]．美术教育研究，2018（21）：92-93.
[36] 曾丽娟，武欣，徐俊．景观铺装设计 [M]．武汉：华中科技大学出版社，2018.
[37] 曾伟．西方艺术视角下的当代景观设计 [M]．南京：东南大学出版社，2014.
[38] 赵良．景观设计 [M]．武汉：华中科技大学出版社，2009.